Python

程序设计与科学计算

尹永学　黄海涛　著

人民邮电出版社

北　京

图书在版编目（CIP）数据

Python程序设计与科学计算 / 尹永学，黄海涛著
. -- 北京 ：人民邮电出版社，2019.8
ISBN 978-7-115-51094-5

Ⅰ. ①P… Ⅱ. ①尹… ②黄… Ⅲ. ①软件工具－程序
设计 Ⅳ. ①TP311.561

中国版本图书馆CIP数据核字(2019)第067020号

内 容 提 要

本书由高校教师与算法工程师合作编写，兼顾理论与实践，层次脉络清晰，循序渐进地展开各个知识点，适合教学与自学。本书除了介绍 Python 程序设计方法与 Python 科学计算必备的工具包以外，还给出了数学建模的实战案例（附带原始数据）。

本书既适合软件开发人员阅读，也适合作为高等院校计算机相关专业的师生在 Python、科学计算、数学建模等方面的教材，还可以作为读者自学 Python 的参考用书。

◆ 著　　　　尹永学　黄海涛

　　责任编辑　张　爽

　　责任印制　焦志炜

◆ 人民邮电出版社出版发行　　北京市丰台区成寿寺路 11 号
　　邮编　100164　　电子邮件　315@ptpress.com.cn
　　网址　http://www.ptpress.com.cn
　　涿州市京南印刷厂印刷

◆ 开本：800×1000　1/16
　　印张：12.5
　　字数：238 千字　　　　　　　　2019 年 8 月第 1 版
　　印数：1 – 2 400 册　　　　　　 2019 年 8 月河北第 1 次印刷

定价：49.00 元

读者服务热线：**(010)81055410**　印装质量热线：**(010)81055316**
反盗版热线：**(010)81055315**
广告经营许可证：京东工商广登字 20170147 号

序

从人们意识到科学研究的重要性以来，科学计算（Scientific Computing）就在很多领域中被广泛使用，可见其重要程度。科学计算技术也逐渐成熟并且取得了很多出色的成果。科学计算，是指在科学与工程领域，通过数学建模与数值分析技术来分析和解决问题的过程。

在进行科学计算的过程中，往往会涉及众多的数学知识点，包括线性与非线性方程、最小二乘法、特征值、最优化、插值、积分、常微分方程和偏微分方程、快速傅里叶变换等。把抽象的数学问题与科学计算软件适当结合既有助于学生学习，也利于教师教学。那么选择什么软件比较好呢？

一直以来，科学计算领域的科学家们一般会使用 C 语言、Fortran 语言或商用数学软件 Matlab 等。这些程序设计语言或者软件固然有其各自的优点，但随着大数据、人工智能领域的发展和壮大，越来越多的科学家们开始纷纷采用 Python 作为工作"利器"。Python 具有胶水语言的特点、极为丰富的第三方库、简约性和动态性、开源属性，以及包含一组成熟且仍在进化的计算工具的生态系统，使得科学家们几乎能应付所有的工作需要，并大幅提高工作效率。基于这些原因，Python 极为适合在教学和科研中作为首选程序设计语言。目前 Python 与科学计算的相关人才缺口比较大，为了顺应形势需要，本书作者结合教学经验和实际工作经验写作了本书。

其实，Python 自诞生之日就与科学计算有着密不可分的联系。Python 的创造者 Guido van Rossum 拥有数学和计算机双硕士学位，Python 的第一个公开发行版本是其在荷兰阿姆斯特丹国家数学和计算机科学研究学会（CWI）工作期间完成的。

本书的定位是科学计算的入门书，从 Python 的安装到基本语法，从科学计算实战到数学建模应用实例都有所介绍。此外，本书还配有各章节涉及的源数据与 PPT，达到学有资源、教有资料，力求使读者从 Python 入门开始，直到拥有独立完成科学计算程序的能力。

前　言

编写背景

十多年前，我刚从国外留学回来时发现，身边的同事几乎没有人了解 Python。当然，那时 Python 的知名度和人气远没有现在这么高，加上我住在边陲小城，所以很少有人提及 Python，更不用说学习和使用它了。作为比较熟悉编程的计算数学方向的教师，我坚信 Python 将会有美好的前景，因此虽然学校没有开设 Python 的相关课程，但我仍极力给数学和统计专业的学生推荐这门优秀的程序设计语言。我当时已经预料到等他们毕业时，社会上对 Python 人才的需求量将会非常大，而且人才缺口也会很大。幸运的是，有些学生听从了我的推荐，并因此在毕业后找到了比较满意的工作，本书的另一位作者黄海涛就是其中之一。看到学生已成长为资深算法工程师，作为教师，我感到无比欣慰和自豪。

在每年一度的全国大学生数学建模竞赛中，很多赛题都是既需要数值计算，又需要统计分析的。参加比赛的学生们一般会用 Matlab、SAS、Lingo 和 C 等工具的组合，如果学生能够掌握 Python，那么就可以用它方便地解决同一种问题。Python 具有易学易用的特点，可以大大缩短学习和比赛的时间。但是这么多年来，我始终苦于没有 Python 相关的课程和合适的教材，无法把这么优秀的程序设计语言讲授给更多的学生，让他们从中受益。

随着 Python 在大数据分析、人工智能等热门领域开始发挥重要的作用，各高校也开始积极地开设相关课程。针对课程和教材需求，本书由具有多年教学和数学建模竞赛指导经验的教师与企业中具有丰富实战经验的资深算法工程师合著，力求做到理论和实践相结合。考虑到有限的学时，根据案例和实战需要，本书并没有罗列 Python 所涉及的方方面面的知识，而是进行了适当的简化，同时结合案例给出了详细的代码实现过程和运行结果。这样既能使读者满足一般的科学计算要求，又不会因内容篇幅过长而增加学习难度。

本书适合大学本科二年级以上，欲在数学建模竞赛中展示实力，并为今后深造和就业寻找易学易用工具的数学专业、统计专业、计算机专业及相关理工类专业本科生使用，也适用于在本科阶段没有学过类似课程的低年级研究生、企业工作人员和其他编程爱好者。

希望读者能够通过学习本书而感受到 Python 的美丽与强大，并与 Python 一起成长！

本书主要内容

本书主要包含三部分。

第一部分为基础部分，从基本的安装开始，挑选最有价值的 Python 内容进行介绍。

第 1 章介绍 Python 的历史、语言特点，以及为何用 Python 进行高效的科学计算。

第 2 章从 Python 集成环境 Anaconda 安装入手，用趣味性的语言介绍"Hello World"的由来，并系统全面地介绍实现"Hello World"的两种形式，使读者从宏观上认识 Python，了解 Python 的运行方式。同时，介绍两种 IDE Jupyter notebook 与 PyCharm，并分别阐述两者在教学与工作方面的优劣，以达到因才选材的目的。

第 3 章首先介绍注释，在学习过程中学会记笔记是非常重要的，注释就是学习编程过程中的笔记。接着介绍 Python 的标准输入以及两种格式化输出，使读者掌握输入、注释、输出 3 个重要的环节，对编程有初步的认识。

第 4 章系统介绍常量、变量和标识符，并总结 7 种运算符，概括运算符的优先级，并通过配套的实际案例进行解读。

第 5 章介绍数、字符串、列表、元组、字典和集合，并将 Python 下的数据结构操作方法进行归纳总结，讲解相应的数据结构案例。

第 6 章对控制流 if 进行深度讨论，同时介绍三元运算，为进阶学习做足准备。

第 7 章用案例与图形相结合的方式介绍 while 和 for，并结合该章的基础案例，对 break、continue 和 pass 进行介绍。

第 8 章详解函数的定义、形参与实参，并通过配套的案例来介绍必需参数、关键字参数、默认参数和可变长参数。

第 9 章归纳总结模块的引用方法，详细介绍异常处理，并引入项目中最重要的完整异常处理代码流程。

第 10 章提供源数据文件，举一反三式地介绍文件的操作，同时从项目实战的角度介绍 read、readline 和 readlines 三者之间的区别。

第二部分为科学计算，详尽阐述科学计算模块 NumPy 和 SciPy，数据分析模块 Pandas，绘图模块 Matplotlib，并配有实战案例。

第 11 章介绍科学计算库 NumPy。Python 对科学计算的支持是通过不同科学计算功能的程序包和 API 建立的。对于科学计算的每个方面，我们都有大量的选择。NumPy 是众多模块的基础，本书从 NumPy 方法入手，选取矩阵与线性代数方向的 8 个实战案例进行介绍。

第 12 章归纳了 SciPy 方法，并从实战（求积分、矩阵行列式、矩阵的逆、求解方程组、最小二乘法拟合、图像处理）方面介绍了 SciPy 在科学计算中的应用。

第 13 章从 Pandas 的数据结构开始，着重介绍数据获取与数据处理，比如缺失值填充、缺失值替换等，总结实战项目经验，同时介绍 Pandas 下的统计函数与文件读取操作。

第 14 章利用 $\sin(x)$ 函数的图像逐步介绍绘图方法的思考流程，并总结 Matplotlib 的整体知识点，为数据可视化打好基础。

第三部分介绍数学建模库 Scikit-Learn，并通过回归分析开启数学建模的大门。

第 15 章从一元回归开始介绍数学模型，并结合糖尿病预测案例介绍在人工智能场景下如何通过机器学习处理数学模型。同时给出多元线性回归案例和共线性问题的解决方案，为读者开启数学建模的大门。

建议和反馈

由于作者水平有限，书中难免有不当之处，欢迎各位读者提出宝贵的修改意见和建议，来函请发至作者邮箱 yxyin@ybu.edu.cn、hhtnan@163.com，或本书编辑邮箱 zhangshuang@ptpress.com.cn，我们将不胜感激。读者也可以加入作者 QQ 群（867300100）进行交流。

致谢

感谢延边大学的各位老师和人民邮电出版社的各位编辑在本书编写过程中所提供的大力支持！感谢提供宝贵意见的同事们！感谢提供技术支持的同学们！感恩我遇到的众多良师益友！

尹永学

2018 年 11 月

资源与支持

本书由异步社区出品,社区(https://www.epubit.com/)为您提供相关资源和后续服务。

配套资源

本书提供如下资源:
- 源代码文件;
- 教学 PPT 文件。

要获得以上配套资源,请在异步社区本书页面中点击 配套资源 ,跳转到下载界面,按提示进行操作即可。注意:为保证购书读者的权益,该操作会给出相关提示,要求输入提取码进行验证。

如果您是教师,希望获得教学配套资源,请在社区本书页面中直接联系本书的责任编辑。

提交勘误

作者和编辑尽最大努力来确保书中内容的准确性,但难免会存在疏漏。欢迎您将发现的问题反馈给我们,帮助我们提升图书的质量。

当您发现错误时,请登录异步社区,按书名搜索,进入本书页面,点击"提交勘误",输入勘误信息,点击"提交"按钮即可。本书的作者和编辑会对您提交的勘误进行审核,确认并接受后,您将获赠异步社区的 100 积分。积分可用于在异步社区兑换优惠券、样书或奖品。

扫码关注本书

扫描下方二维码，您将会在异步社区微信服务号中看到本书信息及相关的服务提示。

与我们联系

我们的联系邮箱是 contact@epubit.com.cn。

如果您对本书有任何疑问或建议，请您发邮件给我们，并请在邮件标题中注明本书书名，以便我们更高效地做出反馈。

如果您有兴趣出版图书、录制教学视频，或者参与图书翻译、技术审校等工作，可以发邮件给我们；有意出版图书的作者也可以到异步社区在线提交投稿（直接访问 www.epubit.com/selfpublish/submission 即可）。

如果您是学校、培训机构或企业，想批量购买本书或异步社区出版的其他图书，也可以发邮件给我们。

如果您在网上发现有针对异步社区出品图书的各种形式的盗版行为，包括对图书全部或部分内容的非授权传播，请您将怀疑有侵权行为的链接发邮件给我们。您的这一举动是对作者权益的保护，也是我们持续为您提供有价值的内容的动力之源。

关于异步社区和异步图书

"异步社区"是人民邮电出版社旗下 IT 专业图书社区，致力于出版精品 IT 技术图书和相关学习产品，为作译者提供优质出版服务。异步社区创办于 2015 年 8 月，提供大量精品 IT 技术图书和电子书，以及高品质技术文章和视频课程。更多详情请访问异步社区官网 https://www.epubit.com。

"异步图书"是由异步社区编辑团队策划出版的精品 IT 专业图书的品牌，依托于人民邮电出版社近 30 年的计算机图书出版积累和专业编辑团队，相关图书在封面上印有异步图书的 LOGO。异步图书的出版领域包括软件开发、大数据、AI、测试、前端、网络技术等。

异步社区

微信服务号

目　　录

第1章

Python 概述

内容概要：

❑ Python 语言发展史

❑ Python 语言特点

❑ Python 语言主要应用领域

1.1 Python 语言发展史

每个编程语言的作者都是一个技术传奇，Python 语言的发明者 Guido van Rossum 也不例外。他是荷兰人，1982 年从阿姆斯特丹大学毕业，获得了数学和计算机两个硕士学位，他最爱做的事情就是编写代码。在那个时代，硬件资源弥足珍贵，这就需要程序员们在使用 C 语言、Fortran 语言开发时，深入理解计算机的运行机制，"榨干"计算机硬件的性能。

1989 年的圣诞节，Guido van Rossum 开始编写 Python 语言的编译器，如图 1-1 所示。Python 这个名字，来自 Guido van Rossum 所挚爱的电视剧 *Monty Python's Flying Circus*。他希望 Python 成为一门功能全面、易学易用，且可拓展的编程语言。

图1-1　Python图标

1991 年，第一款 Python 编译器诞生。它是用 C 语言实现的，并能够调用 C 语言的库文件。那时的 Python 便已经具有类、函数、异常处理，包含列表和字典在内的核心数据结

1

构，以及以模块为基础的拓展系统。

Python 的语法很多来自 C 语言，同时也受到 ABC 语言的强烈影响。虽然 ABC 语言的一些规范至今还饱受争议（比如强制缩进），但这些语法规范使 Python 更易读。

Python 语言不仅遵从一些语言惯例，并从一开始就特别注重可拓展性，使其可以在多个层次上拓展。在高层，可以直接引入.py 文件；在底层，可以引用 C 语言的库。这样，程序员就可以使用 Python 快速地写出.py 文件作为拓展模块。

2000 年 5 月，Guido 和 Python 核心开发团队转移到 BeOpen.com，组建了 BeOpen PythonLabs 团队。同年 10 月，PythonLabs 团队转向 Digital Creations。2001 年，非营利组织 Python 软件基金会（PSF）成立。

Python 目前有两个版本：Python 2.7 与 Python 3.6。在撰写本书期间，最新版的 Python 是 2018 年 10 月 20 日发布的 Python 3.7.1。本书代码基于 Python 3 开发，均可在 Python 3 下运行。

1.2　Python 语言特点

Python 是一款开源的编程语言，这一点很重要，它以此吸引了越来越多的使用者。使用者可以自由发布、复制、阅读 Python 源代码，也可以对它进行改动，甚至把它的一部分用于新的开源软件，这反过来又拓展了 Python 的边界，形成了良性循环。

Python 拥有丰富的库，并且可移植性非常强，配合使用 C/C++等语言，能胜任很多工作，如科学计算、机器学习、深度学习等。

1．简洁、优雅

代码是写给人看的，所以在所有程序中，代码都应该尽可能简洁，并且语法和风格应保持前后一致。一段好的 Python 程序代码就如同一篇优雅的文章，处处能体现其简洁的语言哲学，这让使用者可以专注于解决问题而不是去搞明白语言本身。

2．易学、易用

Python 语法简单、模块丰富，极易上手。

3．免费、开源

Python 是 FLOSS（自由/开放源码软件）之一，Python 语言本身及其科学计算模块都可免费使用。简单地说，你可以自由地发布、复制、阅读 Python 源代码，也可以对它进行改动，甚至把它的一部分用于新的开源软件。

4．高级语言

当使用 Python 语言编写程序时，用户无须考虑诸如管理程序内存一类的底层细节。

5．可移植性

Python 是开源的，因此经过改动，它可以移植到许多其他平台上。而且，在一个平台上写完 Python 程序，迁移到另一个支持 Python 的平台上运行时，输出结果几乎是一样的。Python 背后的设计原则使得它可以高度扩展，这就解释了为什么现在有那么多可以解决各种任务的高级程序库。

6．解释性

使用编译性语言（如 C 或 C++）开发的程序，可以从源文件（即 C 或 C++语言）转换为计算机使用的语言（机器语言及二进制指令集）。这个过程通过编译器和不同的标记、选项来实现。当运行程序时，连接/转载器软件把程序从硬盘复制到内存中运行。而使用 Python 语言编写的程序不需要编译成二进制代码，直接从源代码运行程序。在计算机内部，Python 解释器把源代码转换成字节码的中间形式，再把它翻译成计算机使用的机器语言运行。

事实上，使用 Python 开发程序的用户不再需要担心如何编译程序、如何确保连接转载正确的库等，所有这一切使得开发工作变得更简单。你只需要把 Python 程序复制到另外一台计算机上，它就可以工作了。

7．面向对象

Python 既支持面向过程的编程，也支持面向对象的编程。在面向过程的语言中，程序是由过程或仅仅是可重用代码的函数构建起来的。在面向对象的语言中，程序是由数据和功能组合而成的对象构建起来的。与其他主要的语言（如 C++和 Java）相比，Python 以一种非常强大又简单的方式实现面向对象编程。

8．可扩展性

Python 具有与大多数主流技术相互操作的交互能力。我们可以调用不同编程语言的函数、代码、程序包和对象，例如 Matlab、C、C++、R、Fortran 以及其他语言。还有许多方法可以实现这种交互能力，例如 Ctypes、Cython 和 SWIG 等。如果你不想公开某段关键代

3

码，可以用 C 或 C++语言编写这部分，然后在 Python 程序中使用它们。

9. 丰富的库

Python 的标准程序库里有丰富的程序包。作为一门可扩展的语言，Python 也为不同需求的用户提供了大量成熟的个性化程序库：比如本书中涉及的 NumPy 科学计算和数学基础包，包括统计学、线性代数、金融操作等；SciPy 模块是基于 NumPy 的专注科学计算的模块，包括微积分运算，微分方程求解等数值计算；Pandas 是专注于数据分析的模块，提供了全面系统的支持；Matplotlib 是功能强大的绘图模块；Sklearn（Scikit-Learn）是用于数学建模的科学研究模块，通常被称为机器学习模块，支持回归、聚类和分类等算法。

除了具备常规的计算功能，上述特性让 Python 比那些只专注于计算的编程语言（如 Fortran、Matlab 和 R 语言等）更加通用和便捷，因此 Python 的适用范围极广。

1.3　Python 语言主要应用领域

Python 可以应用于众多领域，如数据分析、网络服务、图像处理和科学计算等领域。

1. 科学计算

科学计算（scientific computation）也被称为数值计算（numerical computation）或科学计算法。科学计算是指应用计算机处理科学研究和工程技术中所遇到的数学计算，其计算过程主要包括建立数学模型、建立求解的计算方法和计算机实现 3 个阶段。

科学计算是一门交叉学科。从本书介绍的 Python 的特点来看，Python 在科学计算方面有着巨大的优势。2018 年诺贝尔经济学奖的共同获得者保罗·罗默，62 岁的经济学家，一直在使用编程语言 Python。Python 在科学计算和科学研究方面，有 NumPy、SciPy、Pandas 和 Matplotlib 程序库，可以帮助使用者在计算巨型数组、矢量分析、神经网络等方面高效率地完成工作。尤其是在教育科研方面，Python 可以发挥出独特的优势。

2. Web 开发

在 Web 开发方面，Python 也具有独特的优势。首先，Python 比 JavaScript 和 PHP 在语言层面更为完备，而且对于同一个开发需求能够提供多种方案。其次，Python 库的内容丰富，使用方便，并且 Python 在 Web 方面也有自己的框架，如 django 和 flask 等。Python 支持最新的 XML 技术，而且数据处理的功能较为强大，适合开发小而精的 Web 项目。

3．人工智能应用

谁会成为人工智能（AI）时代的第一开发语言？这已是一个不需要争论的问题。如果说在 3 年前，MATLAB、Scala、R、Java 和 Python 还各有机会，局面尚且不清楚，那么在今天，趋势已经非常明显了，特别是 Google 开源了 TensorFlow，Facebook 开源了 PyTorch 之后。在自然语言处理、计算机视觉等方面，Python 成为了 AI 时代程序员必修的语言。

Python 的应用不仅限于上述三个方面，它的应用领域十分广泛，如网络爬虫、数据分析、Linux/Unix 运维、桌面软件、游戏开发等都有其相应的应用场景。

1.4　本章练习

1．简答题

请简述 Python 为什么适用于科学计算。

2．选择题

Python 诞生于哪一年。（　　）

A．1988 年　　　　B．1989 年　　　　C．1990 年　　　　D．1991 年

3．判断题

1）Python 是面向过程的程序设计语言。　　　　　　　　　　　　　　（　　）

2）Python 是免费、开源的。　　　　　　　　　　　　　　　　　　　（　　）

3）Python 的发明者是美国人 Guido van Rossum。　　　　　　　　　（　　）

第2章

开启 Python 之旅

内容概要：

❏ 部署 Python 环境

❏ 第一个 Python 程序 "Hello,World"

❏ 使用 Python 的 IDE

2.1 部署 Python 环境

2.1.1 Anaconda 简介

我们虽然可以通过官网安装 Python，但本书推荐直接安装 Anaconda。Anaconda 是 Python 最受欢迎的科学计算环境，其内置 Python 安装程序，安装简单，并且配置了众多的科学计算包。Anaconda 支持多种操作系统，如 Windows、Linux 和 Mac，并集合了上百种常用 Python 包，如 NumPy、Pandas、SciPy 和 Matplotlib 等。安装 Anaconda 时，这些包也会被一同安装，同时可兼用 Python 多版本，支持多版本共存。

Anaconda 具有如下特点。

❏ 开源。

❏ 安装过程简单。

❏ 高性能地使用 Python 和 R 语言。

❏ 免费的社区支持。

2.1.2 在 Windows 系统中安装 Anaconda

首先从 Anaconda 官网下载对应自己系统版本的 Anaconda，具体下载界面如图 2-1 所示。

图2-1 Anaconda下载界面

以 64 位 Windows10 系统为例，选择下载对应的 Windows 版本即可。本书中所有案例都是基于 Anaconda 的 Python 来完成的。

安装 exe 文件完成后，按照步骤进行安装，如图 2-2 所示，安装完成之后如图 2-3 所示。运行开始菜单中的 Anaconda Prompt，输入命令 conda list，出现如图 2-4 所示的效果则代表安装成功。

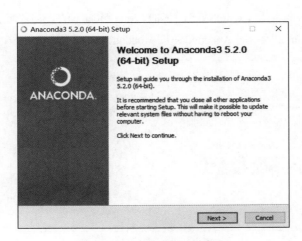

图2-2 Anaconda安装界面

图2-3　开始菜单中的Anaconda

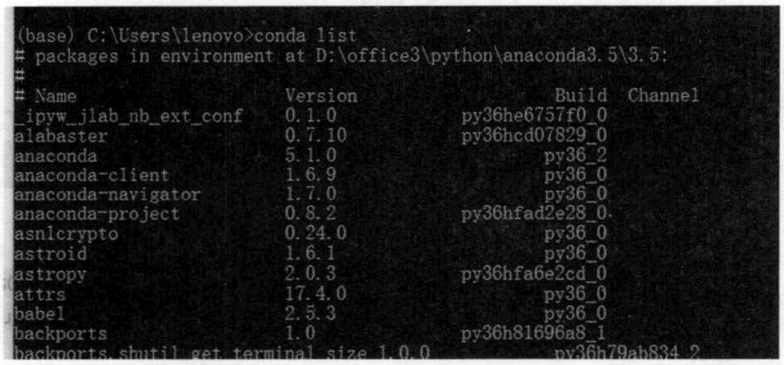

图2-4　输入conda list命令的返回结果

2.1.3　在 Linux 系统中安装 Anaconda

当前选取的 Linux 环境是 CentOS 6.5，其他 Linux 环境下的安装依照 Anaconda 官方介绍的操作即可。首先下载 Linux 版本的 Anaconda，即 Anaconda3-5.2.0-Linux-x86_64.sh，如图 2-5 所示。

图2-5　Linux版Anaconda下载界面

下载完成之后进入文件下载目录，打开终端，根据版本输入下面的安装执行命令：

```
$ bash Anaconda3-5.2.0-Linux-x86_64.sh
```

输入完成之后得到结果如下：

```
Welcome to Anaconda3 5.2.0
In order to continue the installation process, please review the license agreement.
Please, press ENTER to continue
    >>>
```

按照提示，按回车键，接下来会提示你是否接受协议，这里直接输入"yes"，再按回车键即可（默认是 no）。

```
Do you accept the license terms? [yes|no]
[no] >>> Please answer 'yes' or 'no':'
    >>>
```

选择"yes"之后进入配置路径环节。

```
Anaconda3 will now be installed into this location:
/home/fileservice/anaconda3

  - Press ENTER to confirm the location
  - Press CTRL-C to abort the installation
  - Or specify a different location below
[/home/fileservice/anaconda3]
  >>>
```

这里输入"python"进行安装。继续按照提示操作，这时会问是否需要为 Anaconda 配置环境变量，如果选择 no，需要到安装完成的 Anaconda3/bin 目录下才能执行 Anaconda 以及其他附属命令。

```
installation finished.
Do you wish the installer to prepend the Anaconda3 install location
to PATH in your /home/fileservice/.bashrc ? [yes|no]
[no] >>>
```

如果 Anaconda 的版本比较新（5.1 以上），在安装完成后会提示是否需要安装 Microsoft 的 VSCode 编辑工具。为了免去配置其他编辑器而浪费过多时间，一般在这里选择"yes"，安装 VSCode。

```
Thank you for installing Anaconda3!
================================================================
```

```
Anaconda is partnered with Microsoft! Microsoft VSCode is a streamlined
code editor with support for development operations like debugging, task
running and version control.

To install Visual Studio Code, you will need:
  - Administrator Privileges
  - Internet connectivity

Visual Studio Code License: https://code.visualstudio.com/license

Do you wish to proceed with the installation of Microsoft VSCode? [yes|no]
>>>
```

在命令行输入 Python 命令，验证是否安装成功。

```
Python 3.5.2 (default, Nov 17 2016, 17:05:23)
[GCC 5.4.0 20160609] on linux
Type "help", "copyright", "credits" or "license" for more information.
>>>
```

如上显示结果所示，Python 环境已经由 Anaconda 自动托管，以后就再也不用担心 Python 的包依赖问题了。

2.2　第一个 Python 程序"Hello,World"

2.2.1　"Hello, World"的由来

"Hello, World"是编程入门的经典语句，也是很多编程人员学习编程语言时的第一个示例程序。

实际上，"Hello,World"程序是指在计算机屏幕上输出"Hello, World"这行字符串的计算机程序，如图 2-6 所示。程序员一般都用这个程序测试新的系统或编程语言。对程序员来说，看到这两个单词显示在电脑屏幕上，往往表示他们的代码已经能够编译、装载以及正常运行了，这个输出结果就是为了证明这一点。

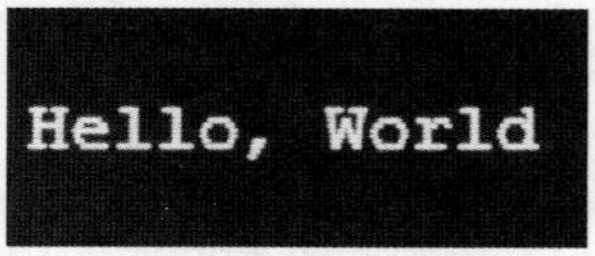

图2-6　Hello, World输出

"Hello,World"几乎是所有编程语言的起点，在世界各国的编程教材中，"Hello, World"总是作为第一个案例记录于书本之中！

1978 年，Brian Kernighan（如图 2-7 所示）和 Dennis M. Ritchie 在 *The C Programming*

Language 中首次使用了 "Hello, World"，因为它简洁、实用，并包含了一个程序所应具有

的一切，因此后来的编程类图书作者遵从这一范例，直
到今天依然如此。

非常不幸的是，当 *Forbes India* 杂志采访他的时候，
他自己对这段传奇故事中的一些记忆已经有点儿模糊
了。当被问及为什么选择 "Hello, World" 时，他回答说：
"我只记得，我好像看过一幅漫画，讲述一枚鸡蛋和一只
小鸡的故事，在漫画中，小鸡说了一句'Hello, World'。"

图2-7　Brian Kernighan
（图片来源：维基百科）

尽管没人能够科学地解释为什么 "Hello, World" 能
够流行至今，但是它的确成为了计算机发展历史上一个具有重要意义的里程碑。

2.2.2　实现 "Hello, World"

输出 "Hello, World" 是学习任何一门编程语言的第一课，要在终端设备输出 "Hello
World!"，有以下两种方式。

1．基于 Python 环境实现

下载安装 Python 后，打开 CMD 或 PowerShell，如图 2-8 所示。之后输入指令 python，
即出现如图 2-9 所示的内容。看到出现 ">>>"，就意味着进入了 Python 交互式环境。

图2-8　启动CMD

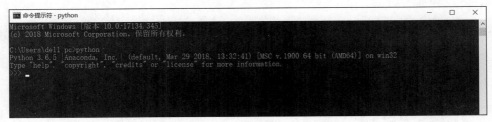

图2-9　CMD中启动Python环境界面

代码非常简单，只需要一行。具体的执行过程是，首先 Python 解释器读取程序，接着逐条语句地解释执行，分析语句的含义，并指挥计算机完成该语句描述的功能。也就是说，解释执行上一条语句之后，再去解释执行下一条语句。

Python 启动成功了！接着输入代码"print("Hello World！")"并按回车键，结果如图 2-10 所示。

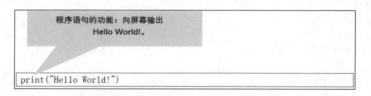

图2-10　交互式实现"Hello World！"

屏幕上已经出现了"Hello World！"，这样就表示成功了。输入语句的功能如图 2-11 所示。

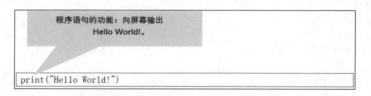

图2-11　交互式实现"Hello World！"

小贴士：print 在不同 Python 版本下的说明

　print 是 Python 中的输出函数，它的意义是向屏幕输出内容。在 Python 2 中，可以采用"print +要输出的内容"，但是在 Python 3 中，这样是不可以的，必须要采用 print(内容) 的形式。

2．通过脚本实现

接着尝试用脚本来完成这个任务。在任意位置创建一个 Python 文件，其后缀为.py。

新建一个空白的 txt 文本，将后缀改为.py，此时它就变为 Python 程序打开方式的图标，如图 2-12 所示。

接着在终端运行它，首先通过命令 cd C:\Users\dell pc\Desktop 进入当前 helloworld.py 文件所在的文件夹路径，之后在当前输入栏输入"python Python 文件名"（注意 python 与

Python 文件名之间存在空格），运行结果如图 2-13 所示。

图2-12 构建.py文件流程图

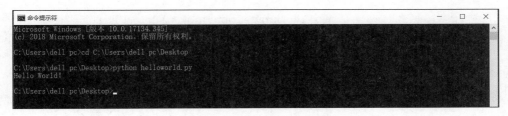

图2-13 Python执行脚本界面

小贴士：打开终端的方式

在 Windows 系统下按下"Shift"键的同时，在你要操作的文件夹上单击鼠标右键，在弹出的菜单中会出现"在此处打开命令窗口"或者"在此处打开 Powershell 窗口"，直接在当前目录下打开 CMD，在里面输入"python + Python 文件名"。

2.3 使用 Python 的 IDE

IDE 是集成开发环境（Integrated Development Environment）的英文缩写，它集成了程序开发中所需的一些基本工具、基本环境和其他辅助功能。

2.3.1 交互式解释器——Jupyter notebook

Jupyter notebook 的前身是 IPython notebook，其图标如图 2-14 所示。它是一个非常灵活的工具，你可以在里面同时保留代码、图片、评论、公式和绘制的图像，并且支持 Markdown[1]。

Jupyter 具有非常强的可扩展性，支持多种编程语言，并且易于部署到个人电脑和几乎所有的服务器上，只需要使用 SSH 或 HTTP 接入即可，并且 Jupyter notebook 是完全免费的。

---

[1] Markdown 是一种可以使用普通文本编辑器编写的标记语言，通过简单的标记语法，使普通文本内容具有一定的格式。

图2-14　Jupyter notebook

Jupyter 默认设置使用 Python kernelnotebook。Jupyter notebook 源自于 Jupyter 项目，Jupyter 这个名字是它所支持的 3 种核心编程语言（Julia、Python 和 R）的缩写词。

在安装 Anaconda 的过程中，Jupyter notebook 已经被一同安装，因此直接启动即可。如果没有安装 Anaconda 而是安装的原生 Python，那么进入命令行执行 pip install jupyter 就可以了。图 2-15 所示为命令行终端，输入"jupyter notebook"，即可启动。

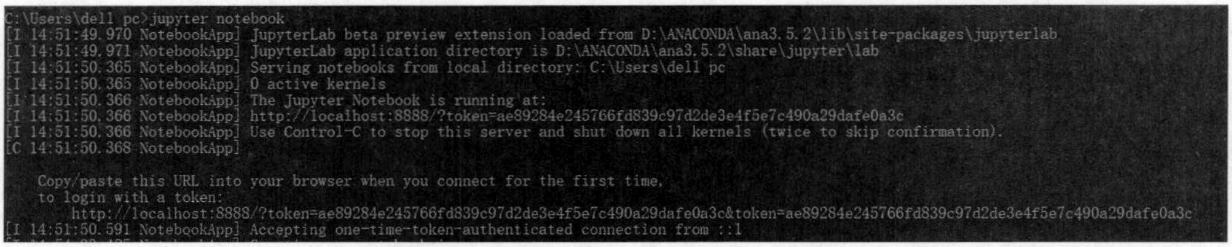

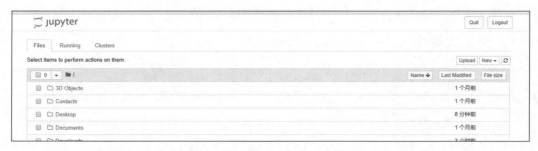

图2-15　Jupyter notebook启动界面

同时，开启 Jupyter notebook 的路径是当前输入命令的路径，Jupyter notebook 主界面如图 2-16 所示。

图2-16　Jupyter notebook主界面

如果想新建一个 notebook，只需要单击"New"，然后选择希望创建的 notebook 类型即可。当前，Jupyter notebook 默认类型是 Python 3，如图 2-17 所示。

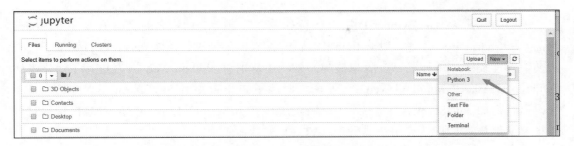

图2-17　Jupyter notebook默认启动Python 3

因为当前只有一个 Python 内核，所以我们运行一个 Python notebook。在新打开的标签页中会看到 notebook 界面，目前里面是初始状态，如图 2-18 所示。在当前界面，就可以在 In[ ]:后面输入内容，执行 Python 程序。

图2-18　Jupyter notebook操作界面

图 2-18 所示为一个代码单元格（code cell），以[]开头。在这种类型的单元格中，可以输入并执行任意代码。例如，输入“print ("hello world")”并按下“Shift”和回车键。之后，单元格中的代码就会被执行，光标也会被移动到一个新的单元格，得到如图 2-19 所示的结果。

图2-19　用Jupyter notebook 实现“Hello, World”

Jupyter notebook 是一款非常强大的工具，可以创建漂亮的交互式文档、制作教学材料等。

2.3.2　集成开发环境——PyCharm

PyCharm 是著名的 Python IDE，其图标如图 2-20 所示，由知名的 IDE 开发商 JetBrains 出品。PyCharm 除了具备一般 Python IDE 的功能（比如调试、语法高亮、项目管理、代码跳转、智能提示、单元测试、版本控制）外，还特别对 Python Web 开发进行了优化设计（Django、Flask、Pyramid 和 Web2Py 等）。同时除了 Python 之外，PyCharm 还支持其他 Web 开发语言，如 JavaScript、Node.js、CoffeeScript、TypeScript、Dart、CSS 和 HTML。它可以很容易地与 Git 和 SVN 等版本管理（VCS）工具集成。

图2-20　PyCharm图标

2.4　本章练习

1．简答题

请简单介绍 Anaconda 的特点。

2．选择题

"Hello, World" 一词是由（　　）提出的。

A．Brian Kernighan　　　　B．Guido van Rossum　　　　C．Mark Elliot Zuckerberg

3．上机题

请配置安装 Jupyter notebook，并实现输出 "Hello, World"。

第3章

输入与输出

内容概要：

❑ 代码注释

❑ 输入

❑ 格式化输出

3.1 注释

3.1.1 单行注释

在大多数的编程语言中，注释都是一项很有用的功能。源代码中的注释供人阅读，而不由计算机执行。随着程序版本的更迭，程序会变得越来越复杂，因此就需要程序员在其中添加说明，对程序所解决问题的方法进行大致的阐述。为代码添加注释，既是编程规范，也是程序员必备的技能。每种语言都有其特有的注释形式，下面将介绍 Python 代码的行内注释。

```
1.    #这是一个单行注释
2.    print("Hello, World!")
```

输出：

```
Hello, World!
```

在 Python 中，单行注释以井号（#）开头标识。井号后面的内容都会被 Python 解释器忽略，如第 1 行中代码所示。这里只有第 2 行代码会被 Python 执行，第 1 行代码只起到代码规范的作用。

3.1.2　多行注释

在 Python 中，多行注释用 3 个单引号（'''）或者 3 个双引号（"""）将注释内容括起来，以此解释更复杂的代码。使用注释块实现多行注释的方法如下所示：

```
1.      '''
2.      这是一个多行注释
3.      这是一个多行注释
4.      这是一个多行注释
5.      '''
6.      print("Hello, World!")
```

输出：

```
Hello, World!
```

上面示例第 1～5 行代码就是注释代码，这部分内容不会被 Python 执行，只起到注释说明的作用。

在 Python 程序中恰当地使用注释，不仅有助于自己以后仍然能理解这段代码，也更容易与其他人合作，使代码具有更高的价值。

小贴士：注释快捷键

在 Jupyter notebook 和 PyCharm 中，选中需要注释的代码，按快捷键 "Ctrl+/"，可以快速对选中的多行代码进行注释。

3.2　输入

Python 提供了 input() 内置函数，读取标准输入的一行文本，默认的标准输入是键盘。input() 函数可以接收一个 Python 表达式作为输入，并将运算结果返回，如下所示。

```
1.      #获取键盘的输入
2.      str = input("请输入: ");
3.      print ("你输入的内容是: ", str)
```

输入示例代码，显示结果如图 3-1 所示。在图 3-1 "请输入"后面的输入框中输入 "Python"，之后按回车键，便获取了键盘的输入并将内容打印出来。

最终显示结果如图 3-2 所示。

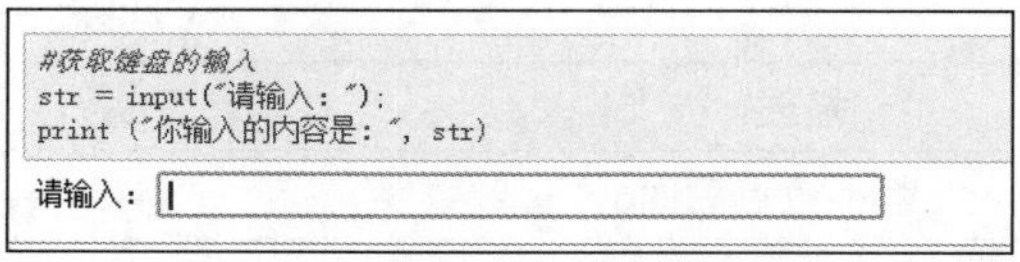

```
#获取键盘的输入
str = input("请输入：");
print ("你输入的内容是: ", str)
```
请输入: |

图3-1　获取键盘的输入

```
#获取键盘的输入
str = input("请输入：");
print ("你输入的内容是: ", str)
```
请输入: Python
你输入的内容是: Python

图3-2　获取输入并打印内容

小贴士：Python 不同版本的输入操作

　　Python 3 中的输入函数统一都是 input，Python 2 中有 raw_input，等同于 Python 3 的 input。如果在 Python 3 中使用 raw_input，将会报错。

　　获取键盘输入是一种比较简单的获取数据操作，但是往往我们希望程序能够打开一个文本文件，从而对里面的数据执行一些操作，强大的 Python 同样也是支持这一点的，这里选择使用 open()方法就可以，本书会在后面章节进行详细介绍。

3.3　格式化输出

3.3.1　%操作符

　　%操作符可以实现字符串格式化，它将%左边的参数作为类似 sprintf()的格式化字符串，而将%右边的代入，然后返回格式化后的字符串。更多的格式化输出形式见表 3-1。

表 3-1　%格式化输出规则

格式	描述
%%	百分号标记，这里就是输出一个%
%c	字符及其ASCII码
%s	字符串
%d	有符号整数（十进制）
%u	无符号整数（十进制）
%o	无符号整数（八进制）
%x	无符号整数（十六进制）
%X	无符号整数（十六进制大写字符）
%e	浮点数（科学计数法）
%E	浮点数（科学计数法，用E代替e）

续表

格式	描述
%f	浮点数（用小数点符号），默认保留小数点后面6位有效数字
%g	浮点数（根据值的大小采用%e或%f，即在保证6位有效数字的前提下，使用小数方式，否则使用科学计数法）
%G	浮点数（类似于%g，区别在于若采用%e的形式输出，则指数以E表示）
%p	指针（用十六进制打印值的内存地址）
%n	存储输出字符的数量放进参数列表的下一个变量中

我们通过%d、%o 和%f 来学习了解%输出操作。

```
1.    print("%d"% 10)
```

输出：

```
10
```

第 1 行代码输入参数为 10，输出结果也为 10，%d 是有符号整数（十进制）输出，与计算机默认转化形式相同。

```
2.    print("%o"% 10)
```

输出：

```
12
```

第 2 行代码完成的是无符号整数（八进制）输出，输入的是 10，输出的是 12，将其转成八进制而完成输出。

```
3.    print("%f"% 10)
```

输出：

```
10.000000
```

第 3 行代码完成的是浮点数输出，输入的是数字 10，输出的是 10.000000，默认保留小数点后面 6 位有效数字。

在浮点数的输出过程中，我们经常需要控制保留小数位数，这时可以在现有格式化输出的基础上进行限制。比如%.2f，表示保留两位小数位；%.2e，表示保留两位小数位，并使用科学计数法显示；%.2g，表示保留两位有效数字，并使用小数或科学计数法显示。

同时也可以灵活地使用内置的 round()函数，其函数形式为：

```
round(number, ndigits)
```

参数如下。

❑ number：为一个数字表达式。

❑ ndigits：表示从小数点到最后四舍五入的位数，默认值为 0。

```
4.   print("%f" % 3.1415926)
```

输出：

```
3.141593
```

```
5.   print("%.2f" % 3.1415926)
```

输出：

```
3.14
```

```
6.   print(round(3.1415926,2))
```

输出：

```
3.14
```

第 5 行和第 6 行代码就是实现保留小数点后两位的基本操作。

3.3.2 format 格式化字符串

format 是 Python 2.6 版本中新增的格式化字符串方法，相比于老版本的%格式方法，它有很多优点，也是官方推荐的方法，而%方式将会在后面的版本中淘汰。该函数把字符串当成一个模板，通过传入的参数进行格式化，并且使用大括号{}作为特殊字符，代替百分号%。

format 输出的操作可以通过位置来填充，format 会把参数按位置顺序，填充到字符串中。第 1 个参数是 0，然后是 1，依次递增，不带编号，即{}，通过默认位置来填充字符串。

```
1.   print("{} {}".format("hello","world"))
```

输出：

```
hello world
```

```
2.   print("{0} {0} {1}".format("hello","world"))
```

输出：

```
hello hello world
```

通过第 1 行和第 2 行代码的输出结果可以对比得到 format 输出中位置传参的形式，format 还可以通过索引、字典的 key 传参，以及通过对象的属性传参。

3.4 本章练习

1. 简答题

请列举 Python 的单行注释和多行注释的实现形式。

2. 选择题

Python 3 获取标准输入的关键字是（ ）。

A．raw_input   B．enter   C．in   D．input

3. 上机题

分别使用%和 format 完成输出操作，从键盘获取用户输入 3.1415926，最终完成输出为 3.14。

第 **4** 章

变量与运算符

内容概要：

- ❏ 变量
- ❏ 运算符

4.1 变量

4.1.1 常量与变量

基本数据类型按其取值是否可改变，分为常量和变量两种。在程序执行过程中，其值不发生改变的量称为常量，其值可变的量称为变量。

如果仅仅使用字面意义上的常量，很快就会引发问题，因此我们需要一种既可以储存信息又可以对它们进行操作的方法，由此引入变量。变量就是我们想要的东西，它们的值可以被改变，也就是可以使用变量存储任何东西。但是变量只是计算机中存储信息的一部分内存，与字面意义上的常量不同，你需要一些能够访问这些变量的方法，因此要给变量命名。

当创建一个变量时，编译器会在内存中开辟相应于其数据类型的存储空间，这是因为不同数据类型的变量会占用相应的不同大小的内存空间。基于变量的数据类型，解释器分配内存并决定是否保留在存储器中的内容。因此，通过为变量分配不同的数据类型，可以在这些变量中存储不同的数据类型的数据，如整数、小数或字符等。

4.1.2 标识符

标识符用来标识变量名、符号常量名、函数名、数组名、类型名、文件名的有效字符序列。在命名标识符时，需要遵循下列规则。

- ❏ 标识符的第一个字符必须是字母表中的字母（大写或小写）或者一个下划线（_）。

- ❏ 标识符名称的其他部分可以由字母（大写或小写）、下划线（_）或数字（0~9）组成。

- ❏ 标识符名称是对大小写敏感的，例如 name 和 Name 不是同一个标识符。

- ❏ 有效标识符名称的例子有 i、__my_name、name_23 和 a1b2_c3。

- ❏ 无效标识符名称的例子有 2things、this is spaced out 和 my-name。

4.1.3　变量初始化

在编写程序时，我们常常需要对变量赋初值，以便使用变量。编程语言中可有多种方法为变量提供初值，本节先介绍给变量赋以初值的方法，这种方法称为初始化。在 Python 中，变量不需要明确的声明类型。当向变量分配值时，Python 会自动发出声明。等号(=)用于为变量赋值，在变量定义中赋初值的一般形式为：等号运算符左侧的操作数是变量的名称，而等号运算符右侧的操作数是要赋给变量的值。

```
3.   name='Python'   #一个字符串
4.   a=2             #一个整数
5.   b=3.1415926     #浮点数
```

这里的"Python""2""3.1415926"分别赋给 name、a 和 b 变量。

Python 允许同时为多个变量赋单个值。

```
6.   m=n=p=1
```

第 4 行代码创建一个整数对象，其值为 1，并且所有 3 个变量(m、n、p)都赋给相同的内存位置。

还可以将多个对象赋给多个变量。

```
7.    a, b, c = 2, 10, 'Python'
```

这里将两个值为 2 和 10 的整数对象分别赋给变量 a 和 b，并将一个值为"Python"的字符串对象赋给变量 c。

4.2　运算符

运算符是可以操纵数值的一种结构。如表达式 1 + 2 = 3，这里 1 和 2 称为操作数，加号则被称为运算符。

Python 中运算符分类如下。

❑　算术运算符：主要用于两个对象算数运算（加减乘除等运算）。

❑　比较（关系）运算符：用于两个对象比较（判断是否相等、大于等运算）。

❑　赋值运算符：用于对象的赋值，将运算符右边的值（或计算结果）赋给运算符左边。

❑　逻辑运算符：用于逻辑运算（与或非等）。

❑　位运算符：将 Python 对象看作二进制来进行计算。

❑　成员运算符：判断一个对象是否包含另一个对象。

❑　身份运算符：判断是否引用自一个对象。

下面我们依次来看看所有的运算符。

4.2.1　算术运算符

假设变量 a 的值是 10，变量 b 的值是 21，则经过算术运算的结果见表 4-1。

表 4-1　算术运算符

运算符	描述	示例
+	加法运算	a + b = 31
−	减法运算	a − b = −11
*	乘法运算	a * b = 210
/	除法运算①	b / a = 2.1
%	取余	b % a = 1
//	整除，取整数部分	a//b=0
**	幂运算	a ** b= 1000000000000000000000

下面演示部分算术运算符。

```
1.    a,b=10,21
2.    a+b
```

输出：

---

① 如果有小数，则返回结果为小数；如果都为整数，则返回结果为整数。

```
       31
3.    b//a
```

输出：

```
       2
```

4.2.2　比较运算符

Python 比较运算符包括==、! =、<>、<、>、<=、>=，返回布尔值 True/False。设变量 a 的值为 10，变量 b 的值为 21，则其经过比较运算的结果见表 4-2。

表 4-2　比较运算符

运算符	描述	示例
==	如果两个操作数的值相等，则条件为真	(a==b)结果为False
!=	如果两个操作数的值不相等，则条件为真	(a!=b)结果为True
>	如果左操作数的值大于右操作数的值，则条件为真	(a>b)结果为False
<	如果左操作数的值小于右操作数的值，则条件为真	(a<b)结果为True
>=	如果左操作数的值大于或等于右操作数的值，则条件为真	(a>=b)结果为False
<=	如果左操作数的值小于或等于右操作数的值，则条件为真	(a<=b)结果为True

下面演示部分比较运算符。

```
1.    a,b=10,21
2.    a==b
```

输出：

```
       False
3.    b>a
```

输出：

```
       True
```

4.2.3　赋值运算符

Python 赋值运算符包括=、+=、-+、*=、/=、%=等，赋值运算符能够简化程序。以下假设变量 a 为 10，变量 b 为 21，变量 c 为 15，则其经过赋值运算的结果如表 4-3 所示。

表 4-3　赋值运算符

运算符	描述	示例
=	简单的赋值运算符	c = a + b 将 a + b 的运算结果赋值为 c
+=	加法赋值运算符	c += a 等效于 c = c + a
-=	减法赋值运算符	c -= a 等效于 c = c - a
*=	乘法赋值运算符	c *= a 等效于 c = c * a
/=	除法赋值运算符	c /= a 等效于 c = c / a
%=	取模赋值运算符	c %= a 等效于 c = c % a
**=	幂赋值运算符	c **= a 等效于 c = c ** a
//=	取整除赋值运算符	c //= a 等效于 c = c // a

下面演示部分赋值运算符。

```
1.    a,b,c=10,21,15
2.    c+=a
3.    c
```

输出：

```
    25
4.    c/=a
5.    c
```

输出：

```
    1.5
```

4.2.4　逻辑运算符

Python 语言支持的逻辑运算符包括 and、or 和 not。假设变量 a 的值为 True，变量 b 的值为 False，则经过逻辑运算的结果如表 4-4 所示。

表 4-4　赋值运算符

运算符	描述	示例
and	如果两个操作数都为真，则结果才为真	(a and b)结果为False
or	如果两个操作数中任何一个为真（非零），则结果为真	(a or b)结果为True
not	用于反转操作数的逻辑状态	not(a and b)结果为True

27

4.2.5　位运算符

位运算符是把数字看作二进制来进行计算，位运算符执行逐位运算。现有二进制格式的 a 与 b：

a = 0011 1100

b = 0000 1101

它们的部分位运算结果如下所示：

a&b = 0000 1100

a|b = 0011 1101

a^b = 0011 0001

~a = 1100 0011

关于位运算的操作规则见表 4-5。

表 4-5　位运算符

运算符	描述
&	按位与运算符：参与运算的两个值，如果两个相应位对应值都为1，则该位的结果为1，否则为0
|	按位或运算符：只要对应的两个二进位有一个为1时，结果位就为1
^	按位异或运算符：当两个对应的二进位相异时，结果为1
~	按位取反运算符：对数据的每个二进制位取反，即把1变为0，把0变为1。~x 类似于 −x−1
<<	左移动运算符：运算数的各二进位全部左移若干位，由 << 右边的数字指定了移动的位数，高位丢弃，低位补零
>>	右移动运算符：把>>左边的运算数的各二进位全部右移若干位，>> 右边的数字指定了移动的位数

注意：Python的内置函数bin()可用于获取整数的二进制表示形式。

4.2.6　成员运算符

Python 成员运算符测试给定值是否为序列中的成员，例如字符串、列表或元组。若有两个成员 x、y，则其经过成员运算的结果如表 4-6 所示。

表 4-6　赋值运算符

运算符	描述	示例
in	如果在指定的序列中找到值，则返回True，否则返回False	x在y序列中，如果x在y序列中，则返回True
not in	如果在指定的序列中没有找到值，则返回True，否则返回False	x不在y序列中，如果x不在y序列中，则返回True

下面演示部分比较运算符。

```
1.    x="a"
2.    y="abc"
3.    x in y
```

输出：

```
True
```

4.2.7　身份运算符

身份运算符用于比较两个对象的存储单元内存位置，其运行规则见表 4-7。

表 4-7　身份运算符

运算符	描述
is	判断两个标识符是否引用自一个对象
is not	判断两个标识符是否引用自不同对象

4.2.8　运算符优先级

如果你有一个如 2 + 3 * 4 的表达式，是先做加法运算，还是先做乘法运算？数学告诉我们应当先做乘法，这意味着乘法运算符的优先级高于加法运算符。

表 4-8 给出了 Python 的运算符优先级，从最高的优先级开始，排到最低的优先级。这意味着在一个表达式中，Python 会首先计算表中较上面的运算符，再依次计算列在表 4-8 中的运算符。

表 4-8　运算符优先级

序号	运算符	描述
1	**	指数（次幂）运算
2	~ + −	补码，一元加减(最后两个的方法名称是+@和−@)

序号	运算符	描述
3	* / % //	乘法、除法、模数和取整除
4	+ −	加减法
5	>> <<	向右和向左位移
6	&	按位与
7	^|	按位异或和常规的 "OR"
8	<= < > >=	比较运算符
9	<> == !=	等于运算符
10	= %= /= //= −= += *= **=	赋值运算符
11	is is not	身份运算符
12	in not in	成员运算符
13	not or and	逻辑运算符

下面演示部分运算符的关系优先级。

```
4.    a = 20
5.    b = 10
6.    c = 15
7.    d = 5
8.    e = ((a + b) * c) / d    # (30 * 15 ) / 5
9.    e
```

输出：

```
90.0
```

为了使表达式更易于阅读，可以使用圆括号。例如，2 + (3 * 4) 要比 2 + 3 * 4 更易于理解，因为第二个表达式需要了解操作符的优先级。应该合理使用小括号，而不应使其冗余（例如 2 + (3 + 4)）。

4.3　本章练习

1. 简答题

请解释 Python 中运算符 / 与 // 的区别。

2．选择题

以下能作为标识符的是（　　）。

A．123　　　　　　　B．1name　　　　　C．hell-name　　　　　D．hell_name

3．上机题

a = 20，b = 10，c = 15，d = 5，请上机实现 e = a + (b * c) / d，并打印 e。

第5章

数据类型与数据结构

内容概要：

❑ 数据类型

❑ 数据结构

5.1 数据类型

5.1.1 数

Python 中数的类型有 3 种——整数、浮点数和复数。

❑ 2 是一个整数的例子。

❑ 3.23 和 52.3E-4 是浮点数的例子。E 标记表示 10 的幂，在这里 52.3E-4 表示 52.3*10^{-4}。

❑ (-5+4j)和(2.3-4.6j)是复数的例子。

1. 整数

在 Python 语言中，使用的整常数有十进制、二进制、八进制和十六进制。

1）十进制整常数：十进制整常数没有前缀，其数码取值为 0～9。

以下各数是合法的十进制整常数：

237、-568、65535、1627

以下各数不是合法的十进制整常数：

023（不能有前缀 0）、23D（含有非十进制数码）

在程序中是根据前缀来区分各种进制数的，因此在书写常数时不要把前缀弄错，否则会造成结果不正确。

2）二进制整常数：二进制整常数必须以 0b 或者 0B 开头，后面接由 0 和 1 组成的数码。

以下各数是合法的二进制整常数：

0b11（十进制为 3）、0b1010（十进制为 10）

以下各数不是合法的二进制整常数：

011（无前缀 0b）、0b 01023（含有非二进制数码）

3）八进制整常数：八进制整常数必须以 0o 或者 0O 开头，后面接数码，数码取值为 0～7。

以下各数是合法的八进制数：

0o15（十进制为 13）、0o101（十进制为 65）、0o177777（十进制为 65535）

以下各数不是合法的八进制数：

256（无前缀 0）、03A2（含有非八进制数码）

4）十六进制整常数：十六进制整常数必须以 0x 或者 0X 开头，其数码取值为 0～9、A～F 或 a～f。

以下各数是合法的十六进制整常数：

0x2a（十进制为 42）、0xa0（十进制为 160）、0xffff（十进制为 65535）

以下各数不是合法的十六进制整常数：

5A（无前缀 0X）、0X3H（含有非十六进制数码）

Python 中进行进制的转换可以通过 Python 的内置函数来实现。

十进制转化成二进制、八进制、十六进制示例如下。

```
1.  bin(64)      #十进制数64转化为二进制数
```

输出：

```
      0b1000000
```

2.　oct(64)　　　　　　　　#十进制数64转化为八进制数

输出：

```
      0o100
```

3.　hex(64)　　　　　　　　##十进制数64转化为十六进制数

输出：

```
      0x40
```

二进制、八进制、十六进制转化成十进制示例如下。

4.　int('0b1000000',2)　#二进制数转化为十进制数

输出：

```
      64
```

5.　int('0o100',8)　#八进制数转化为十进制数

输出：

```
      64
```

6.　int('0x40',16)　#十六进制数转化为十进制数

输出：

```
      64
```

2．浮点数

浮点数只采用十进制，它有两种形式：十进制小数形式和指数形式。

1）十进制小数形式：由数码 0～9 和小数点组成。

0.0、25.0、5.789、0.13、5.0、300.0、−267.8230

以上均为合法的实数。注意，必须有小数点。

2）指数形式：由十进制数、阶码标志"e"或"E"以及阶码（只能为整数，可以带符号）组成。

其一般形式为：

a E n（a 为十进制数，n 为十进制整数）

其值为 $a*10^n$。

如：

2.1E5（等于 $2.1*10^5$）

3.7E–2（等于 $3.7*10^{-2}$）

0.5E7（等于 $0.5*10^7$）

–2.8E–2（等于$-2.8*10^{-2}$）

以下不是合法的实数：

345（无小数点）

E7（阶码标志 E 之前无数字）

–5（无阶码标志）

53.–E3（负号位置不对）

2.7E（无阶码）

3．复数

复数由一个实数和一个虚数组合构成，表示为：$x+y$j。

一个复数是一对有序浮点数(x, y)，其中 x 是实数部分，y 是虚数部分。

5.1.2　字符串

字符串是 Python 中最常用的数据类型。我们可以使用引号（'或"）来创建字符串，字符串是字符的序列。字符串可以是英语或其他由 Unicode 标准支持的语言，其实这也意味着世界上几乎所有的语言。

'aaaw'、' asdad?'、'123='、'abc%@com'都是合法字符串。

小贴士：字符串的表示

可以用单引号指定字符串，如'Hello python'。所有的空白，即空格和制表符都照原样保留。

双引号中的字符串与单引号中的字符串的使用完全相同，例如"What's your name?"。

5.2　数据结构

在 Python 中有 4 种内建的数据结构——列表、元组、字典和集合。内部元素由数和字符构成，下面来详细介绍。

5.2.1　列表

列表（list）是处理一组有序项目的数据结构，即你可以在一个列表中存储一个序列的项目。列表中的项目应该包括在[]中，这样 Python 就知道你是在指明一个列表。一旦创建了一个列表，你可以添加、删除或是搜索列表中的项目。由于可以增加或删除项目，因此列表是可变的数据类型。

列表由一系列按特定顺序排列的元素组成。你可以创建包含字母表中所有字母、数字 0～9 或所有家庭成员姓名的列表，也可以将任何东西加入列表，其中的元素之间可以没有任何关系。

1．初始列表

在 Python 中，使用中括号[ ]创建列表，各个元素通过逗号分隔，如下所示：

```
list1=['Python','AI']
list2=[1,2,3,4,3]
list3 = ["p","y","t","h","o","n",['Python','AI']]
```

2．列表操作

列表的基础操作见表 5-1。

表 5-1　列表的操作

基本操作	说明	示例
len(list)	返回列表元素个数	Len(list2) ⇒ 2
max(list)	返回列表元素中最大值	max(list2) ⇒4
min(list)	返回列表元素最小值	min(list2)　⇒1
list.append(obj)	在列表末尾添加新的对象	list2.append('a') ⇒list2=[1, 2, 3, 4, 3, 'a']
list.count(obj)	统计某个元素在列表中出现的次数	list2.count(3) ⇒ 2
list.extend(seq)	在列表末尾一次性追加另一个序列中的多个值（用新列表扩展原来的列表）	list1.extend(list2) ⇒list1=['Python', 'AI', 1, 2, 3, 4, 3]

续表

基本操作	说明	示例
list.index(obj)	从列表中找出某个值第一个匹配项的索引位置	list2.index(3) ⇒ 2
list.insert(index, obj)	找到列表中index索引位置，并在此索引位置插入对象到列表中	list2.insert(2,"a") ⇒list2=[1, 2, 'a', 3, 4, 3]
list.pop([index=-1]])	移除列表中的一个元素（默认最后一个元素），并且返回该元素的值	list2.pop(1) ⇒list2=[1, 3, 4, 3]
list.remove(obj)	移除列表中某个值的第一个匹配项	list2.remove(3) ⇒list2= [1, 2, 4, 3]
list.reverse()	反向列表中元素	list2.reverse()⇒list2= [3, 4, 3, 2, 1]
list.sort(cmp=None, key=None, reverse=False)	对原列表进行排序	list2.sort()⇒list2=[1, 2, 3, 3, 4]
list.clear()	清空列表	list2.clear()⇒list2= []
list.copy()	复制列表	list2.copy()⇒ [1, 2, 3, 4, 3]

注意：一个对象本身不是str、ascii、repr格式，可以使用!s、!a、!r，将其转成str、ascii、repr。

针对表 5-1，我们选取部分操作进行演示。

```
1.    list1=['Python','AI']
2.    list2=[1,2,3,4,3]
3.    list3 = ["p","y","t","h","o","n",['Python','AI']]
4.    max(list2)
```

输出：

```
4
```

第 1～3 行代码是创建列表的过程，第 4 行代码是查找列表中元素的最大值。在 list2 所有的元素中，4 是最大的，所以最终结果返回 4。

```
5.    list2.index(3)
```

输出：

```
2
```

第 5 行代码用于查找列表中元素 3 所对应的索引值，注意索引值是从 0 开始的，所以检索出来的结果是 2。

5.2.2　元组

列表非常适合用于存储在程序运行期间可能变化的数据集。列表是可以修改的，这对于处理网站的用户列表或游戏中的角色列表至关重要。然而，有时需要创建一系列不可修改的元素，元组（tuple）便可以满足这种需求。Python 将不能修改的值称为不可变的数据集，而不可变的列表称为元组。

元组跟列表一样，属于序列的一员，不同的是它是不可变序列，即一旦定义其长度和内容都是固定的。在 Python 中，使用()创建元组，各个元素通过逗号分隔。

```
tuple1=('Python','AI')
tuple2=(1,2,3,4,3)
tuple3= "a", "b", "c", "d";    # 不需要括号也可以
```

元组中的元素值是不允许修改与删除的，但我们可以对元组进行连接组合。

```
tup= tuple1 +tuple3 ⇒  tup = ('Python', 'AI', 'a', 'b', 'c', 'd')
```

元组的内置函数参考列表的内置函数即可，即将 list 替换成 tuple。同时，列表与元组之间可以互相转化，由列表转化为元组通过 tuple(list)实现，由元组转化为列表则由 list(tuple)实现。

相比于列表，元组是更简单的数据结构。如果需要存储的一组值在程序的整个生命周期内都不变，就可以使用元组。

小贴士：元组中只有一个元素的情况

元组中只包含一个元素时，需要在元素后面添加逗号，否则括号会被当作运算符使用，如 tup1 = (1)、tup2 = (1,)。在 tup1 中没有逗号，其类型为 int；在 tup2 中加上逗号，其类型为元组。

5.2.3　字典

在 Python 中，字典是一系列键-值（key-value）对。每个键都与一个值相关联，你可以使用键来访问与之相关联的值。与键相关联的值可以是任意类型对象，可以是数字、字符串、列表甚至字典。事实上，可将任何 Python 对象用作字典中的值。

在 Python 中，字典用大括号{}中的一系列键-值对表示，字典的每个键-值对用冒号分隔，每个对之间用逗号分隔，格式为：

```
dict={key1:value1,key2:value2,key3:value3},
```

创建字典的示例为：

```
dict1 = {'Name': 'Bob','Age': 21}
```

下面简述字典的基本操作。首先对于字典 dict1，访问字典中的元素，获取与键相关联的值，可依次指定字典名和放在中括号内的键，具体操作见表 5-2。

表 5-2　字典基本操作

常见操作	说明	示例
len(dict)	计算字典元素个数，即key的总数	len(dict1) ⇒2
str(dict)	输出字典，可以用字符串表示	str(dict1) ⇒{'Name': 'Bob', 'Age': 21}，str（dict1）类型为字符类型
dict1[key]	访问字典中key对应的value	dict1['Name'] ⇒Bob
dict1.get(key)	访问字典中key对应的value	dict1.get("Name")⇒Bob
dict1[newkey]=value	为字典key增加一项newkey，增加新的键-值对	dict1["gender"]='M'⇒dict1={'Age': 21, 'gender': 'M', 'Name': 'Bob'}
dict1[key]=newvalue	修改已有的键-值对，赋新的newvalue	dict1["Name"]="Bill"⇒dict1={'Age': 21, 'gender': 'M', 'Name': 'Bill'}
dict.pop(key [,default])	删除字典给定key所对应的值	dict1.pop("Age")⇒{'Name': 'Bill', 'gender': 'M'}
dict1.values()	遍历字典的value，以列表返回一个字典所有的value	dict1.values()⇒dict_values(['Bill', 'M'])
dict1.keys()	遍历字典key，以列表返回一个字典所有的key	dict1.keys()⇒dict_keys(['Name', 'gender'])
dict1.items()	遍历字典的项,以列表返回可遍历的（键、值）元组数组	dict1.items()⇒dict_items([('Name', 'Bill'), ('gender', 'M')])
key in dict	如果key在字典dict里，返回True，否则返回False	'Name' in dict1⇒True
key not in dict	如果key不在字典dict里，返回True，否则返回False	'Name' not in dict1⇒False

表 5-2 列举了常见的字典操作，字典在 Python 中扮演着重要的角色。如果想成为一名合格的 Python 使用者，不仅需要熟练掌握列表、元组与字典的基本操作，还需要对其比较复杂情况的处理有一定了解，比如在字典操作中出现镶嵌字典形式，那么只需要依据以上的基本操作进行扩展即可。

针对表 5-2，我们选取部分操作进行演示。

```
1.    dict1 = {'Name': 'Bob','Age': 21}
2.    dict1['Name']
```

输出：

```
    'Bob'
```

第 1 行代码是创建字典的过程，第 2 行代码是访问字典中 key=Name 时对应的值，根据创建的 dict1，返回'Bob'。

```
3.    dict1.keys()
```

输出：

```
    dict_keys(['Name', 'Age'])
```

第 3 行代码是查看字典的 key 值，最终结果返回 dict_keys(['Name', 'Age'])。

5.2.4　集合

集合（set）是一个无序的不重复元素序列。使用集合可以检查是否是成员、是否是另一个集合的子集，以及得到两个集合的交集，等等。

可以使用大括号{}或者 set()函数创建集合。

注意：创建一个空集合必须用 set()，而不是{}，{}表示来创建一个空字典。

```
1.    thisset = set(("Python", "Hello"))
2.    type(thisset)
```

输出：

```
    set
```

关于集合的操作方法可以见表 5-3。

表 5-3　集合的操作方法

方法	描述
add()	为集合添加元素
clear()	移除集合中的所有元素
copy()	复制一个集合
difference()	返回多个集合的差集

方法	描述
difference_update()	移除两个集合中都存在的元素
discard()	删除集合中指定的元素
intersection()	返回集合的交集
intersection_update()	移除两个或更多集合中都不重叠的元素
isdisjoint()	判断两个集合是否包含相同的元素，如果没有，则返回True，否则返回False
issubset()	判断指定集合是否为该方法参数集合的子集
issuperset()	判断该方法的参数集合是否为指定集合的子集
pop()	随机移除元素
remove()	移除指定元素
symmetric_difference()	返回两个集合中不重复的元素集合。
symmetric_difference_update()	移除当前集合中在另外一个指定集合中的相同元素，并将另外一个指定集合中不同的元素插入当前集合
union()	返回两个集合的并集
update()	给集合添加元素

针对表 5-3，下面选取部分操作进行演示。

```
1.    thisset = set(("Python", "Hello"))
2.    thisset.add("world")
3.    thisset
```

输出：

```
{'Hello', 'Python', 'world'}
```

第 1 行代码是创建集合的过程，第 2 行代码是向集合中添加元素"world"。根据表 5-3 的操作规则，返回一个添加元素后的集合{'Hello', 'Python', 'world'}。

```
4.    thisset.remove("Hello")
5.    thisset
```

输出：

```
{'Python', 'world'}
```

第 4 行代码是移除指定元素"Hello"，最终结果返回{'Python', 'world'}。

41

以上介绍了 Python 使用中必会接触的数据类型与数据结构，其中的列表与字典希望读者能够熟练掌握，这是 Python 语言特性中非常重要的一部分。

5.3　本章练习

1．简答题

请列举在 Python 下的数据结构。

2．选择题

下列不是 Python 中字典结构的是（　　　）。

A．[1,2,{3,4}]　　　　　B．{}　　　　　C．{a:[1,2,3]}　　　　D．{a:b,c:m}

3．上机题

存在两个列表 a=[2,3,4,5]、b=[2,5,8]。基于所学知识，使用 Python 分别对两个列表 a 和 b 求交集、并集和差集。

第6章
条件结构

内容概要：

❑ Python 选择结构

❑ if 的多种形式

❑ 三元运算

6.1 if 语句

6.1.1 if 形式

if 语句是 Python 中的条件语句，用于改变 Python 程序中的控制流程。通过对指定条件的真假结果来确定要执行哪条语句，这使得可以在运行时决定运行哪一段代码。Python 中 if 语句的简单形式为：

```
if condition(条件):
    statement(语句)
```

其语义是：如果条件表达式的值为真，则执行其后的语句，否则不执行该语句。if 条件判断语句所在行要以冒号结尾，而执行语句所在行要注意行要缩进，其过程如图 6-1 所示。

```
1.    flag = True
2.    if flag:
3.        print("if 判断为真")
```

输出：

```
    if 判断为真
```

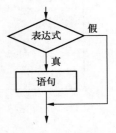

图6-1 if基本形式

第 1 行代码定义 flag=True，再用 if 语句判别 flag 真假，根据定义 flag 为真，故执行 print("if 判断为真")，最后输出 if 判断为真。

6.1.2 if-else 形式

if-else 语句是进行复杂判断的基础，if-else 语句的基本形式为：

```
if condition1:
    statement1
else:
    statement2
```

其语义是：如果表达式 condition1 的执行结果为 True，则接下来执行 statement1 的代码，否则执行 statement2 处的代码。其执行过程如图 6-2 所示。

在 if-else 条件语句中，if 条件表达式语句所在行和 else 所在行都要以冒号结尾，statement1 所在行要缩进，同时其后面是没有冒号的。

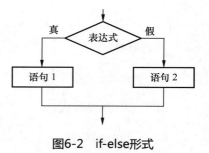

图6-2 if-else形式

```
1.    age=int(input("请输入age:"))
2.    if age >= 18:
3.        print('已成年')
4.    else:
5.        print('未成年')
```

执行程序结果如图 6-3 所示，在输入框中输入 20，最后程序的运行输出为"已成年"，如图 6-4 所示。

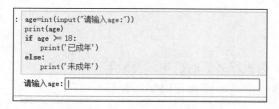

图6-3 if-else程序运行过程图

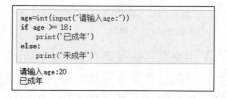

图6-4 if-else程序运行结果图

第 1 行代码是通过 input 获取键盘的输入，由于获取的内容是字符串类型，需要转成数字类型才能和 18 进行大小比对，故通过 int(input("请输入 age:"))将其转化成 int 类型。之后判断输入的数值是否大于等于 18，如果判断条件表达式为 True，则输出已成年，否则输出"未成年"。

6.1.3　多分支选择结构

前两种形式的 if 语句一般用于两个分支的情况。当有多个分支选择，即判断条件有多个时，则可以使用 if…elif 语句。确切地说可以有多个 elif 分支，但只有一个 else 分支，且必须位于 if 语句的末尾，即其他 elif 分支不能跟随。语句的基本形式为：

```
if condition1:
    statement1
elif condition2 :
    statement2
…
elif conditionN :
    statementN
else:
    statement
```

其语义是：依次判断条件表达式的值，当某个值为 True 时，则执行其对应的语句，然后跳到整个 if 语句之外继续执行程序。如果所有的条件表达式均为 False，则执行语句 statement，然后继续执行后续程序。if-elif-else 语句的执行过程如图 6-5 所示。

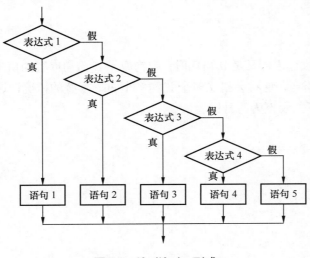

图6-5　if-elif-else形式

```
1.    num = int(input("请输入num值:"))
2.    if num > 0:
3.        print("正数")
4.    elif num == 0:
```

```
5.        print("零")
6.    else:
7.        print("负数")
```

第 1 行代码是通过 input 获取键盘的输入，由于获取的内容是字符类型，需要转成数字类型才能和 0 进行大小比对，故通过 int(input("请输入 num 值:")) 将其转化成 int 类型，之后判断输入的数值的不同情况。这里输入的是–3，首先判断–3>0，结果为 False，之后判断–3=0，为 False。于是所有的条件表达式均为 False，则执行 else 下面的语句，即输出负数，如图 6-6 所示。

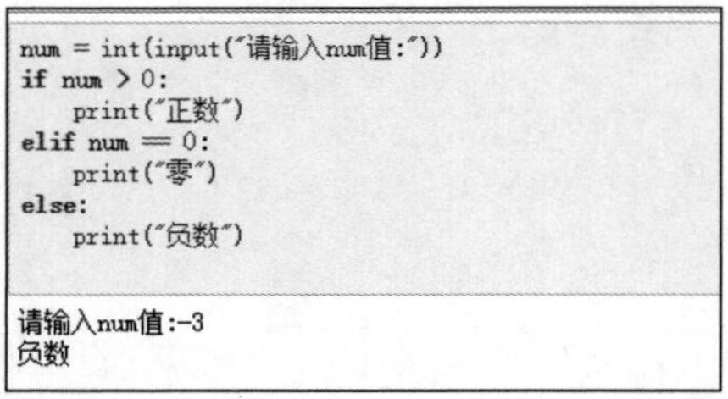

```
num = int(input("请输入num值:"))
if num > 0:
    print("正数")
elif num == 0:
    print("零")
else:
    print("负数")


请输入num值:-3
负数
```

图6-6　if-elif-else程序运行结果图

6.2　进阶——if 嵌套与三元运算

6.2.1　if 嵌套

当 if 语句中的执行语句又是 if 语句时，则构成了 if 语句嵌套的情形。在嵌套内的 if 语句可能又是 if-else 语句，这将会出现多个 if 和多个 else 重叠的情况，这时要特别注意 if 和 else 的配对问题。下面示例为两种嵌套。

示例 1：

```
if condition1:
    if condition2:
        statement1
    else:
        statement2
```

示例 2：

```
if condition1:
    if condition2:
        statement1
else:
    statement2
```

其中的 else 究竟与哪一个 if 配对呢？Python 语言的特点是对应关联的代码必须执行缩进，那么根据 if 与 else 的对应关系，由缩进对应可知，上面示例 1 中 else 对应的是 condition2 这个 if 判断，示例 2 中 else 对应的是 condition1 这个最外层的判断。下面通过实例来学习一下。

```
1.    a,b=-1,1
2.    if a<b :
3.       if b<0:
4.           print("a,b全为负数")
5.       else:
6.           print("a,b不全为负数")
7.    print("程序执行结束")
```

输出：

```
a,b不全为负数
程序执行结束
```

第 1 行代码定义了两个变量 a=-1,b=1，之后执行判断语句 a<b 为 True，继续判断第 3 行代码 b<0 为 False,则执行与 if b<0：语句相对应的 else，即第 6 行代码 print("a,b 不全为负数")，于是最后输出如上所示。

```
1.    a,b=-1,1
2.    if a<b :
3.       if b<0:
4.           print("a,b全为负数")
5.    else:
6.        print("a不小于b")
7.    print("程序执行结束")
```

输出：

```
程序执行结束
```

第 1 行代码定义了两个变量 a=-1,b=1，之后执行判断语句 a<b 为 True，继续判断 b<0 为 False，则执行与 if b<0：语句相对应的 else，那么当前没有 else 对应，即程序判断部分结束，最后输出如上所示。

6.2.2　三元运算

三元运算符是软件编程中的一个固定格式，Python 的条件语句还有更为简洁的方式，所有代码都放置在一行中即可完成条件语句程序，即实现三元运算（三目运算）的过程，其形式为：

```
[on_true] if [condition1] else [on_false]
```

其语义是：[on_true]为条件表达式为 True 时的结果，[on_false]为条件表达式为 False 时的结果。下面通过一个实例来学习。

```
1.    a, b =1, 2
2.    c = a-b if a>b else a+b
3.    c
```

输出：

```
    3
```

程序中第 2 行代码就是三元运算，以一行代码来完成 if-else 形式的判断。这里定义 a=1、b=2，之后判断 a>b，由于 a>b 为 False，则执行 a+b，于是输出 3。

6.3　本章练习

1．简答题

请列举 Python 下 if 的几种实现形式。

2．选择题

现有 Python 三元运算语句 c=a+b if a>b else a-b，当输入 a=2、b=5，则返回的结果 c 为（　　）。

A．0　　　　　　B．7　　　　　　C．−3　　　　　　D．3

3．上机题

基于所学知识，利用 Python 实现一个计算机与人两者之间的剪刀、石头、布的猜拳小游戏，要求可以实现多次猜拳。

第7章

循环结构

内容概要:

- ❑ 循环语句概述
- ❑ while 循环
- ❑ for 循环
- ❑ break、continue、pass

7.1 循环语句

7.1.1 概述

循环结构是程序中一种很重要的结构,其特点是:在给定条件成立时,反复执行某程序段,直到条件不成立为止。给定的条件称为循环条件,反复执行的程序段称为循环体。

许多算法要求编程语言能够重复执行一系列语句。重复执行的代码被称为循环的主体。Python 提供两种不同的循环结构:while 循环结构和 for 循环结构,图 7-1 与图 7-2 所示分别为这两种循环结构的流程图。

7.1.2 while 循环语句

while 语句的一般形式如图 7-3 所示。

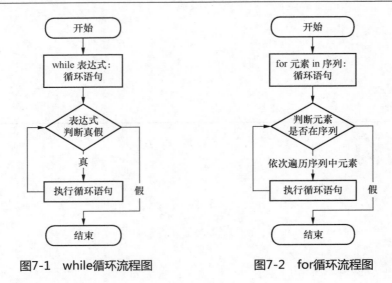

图7-1　while循环流程图　　　图7-2　for循环流程图

图7-3　while的一般形式

while 语句的语义是：判断循环条件的真假，如果为 True，则执行循环体语句。其中循环条件是表达式，do something 为循环体。

```
1.    count = 0
2.    while (count < 3):
3.        print('重复{}遍'.format(count))
4.        count = count + 1
```

输出：

```
重复0遍
重复1遍
重复2遍
```

第 1 行代码定义了 count=0，第 2 行代码执行判断 count<3。这里为了直观表达判断条件，使用小括号将 count<3 括了起来，不使用小括号也不影响第 2 行代码的执行。第 3 行和第 4 行代码为输出。

用 while 语句求 $\sum\limits_{n=1}^{100} n$ 的方法如下。

```
1.    i=0
2.    sum=0
3.    while i <=100:
4.        sum+=i
5.        i+=1
6.    sum
```

输出：

```
5050
```

执行流程图如图 7-4 所示。

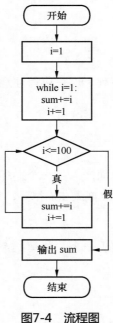

图7-4　流程图

7.1.3　for 循环语句

像 while 循环一样，for 循环也是一种编程结构语句，它允许代码块重复执行一定次数。几乎每种编程语言都有 for 循环，但 for 循环存在许多不同的风格，即在不同的编程语言中，其语法和语义也会有所不同。for 语句的一般形式如图 7-5 所示。

图7-5　for的一般形式

for 语句的语义是：对集合进行遍历，依次取出元素。do something 为循环体。

```
1.    for i in range(5):
2.        print("i=%d"%i)
```

输出：

```
i=0
i=1
i=2
i=3
i=4
```

第 1 行代码 range(5)生成一个序列。这里值得注意的是，它的取值范围为[0,5)，左闭右开。循环体依次输出元素 i。

7.1.4　循环嵌套

Python 语言允许在一个循环体里面嵌入另一个循环。可以在 while 或 for 循环中使用一个或多个循环，如在 while 循环中可以嵌入 for 循环，反之，可以在 for 循环中嵌入 while 循环。

以下实例从第一个列表中每次取出一个，从第二个列表中也每次取出一个，组合成一个新的列表，新列表中包含所有组合。

```
1.    list1 = ['a','b','c']
2.    list2 = [1, 2]
3.    new_list = []
4.    for m in list1:
5.        for n in list2:
6.            new_list.append([m, n])
7.    new_list
```

输出：

```
[['a', 1], ['a', 2], ['b', 1], ['b', 2], ['c', 1], ['c', 2]]
```

第 1 行和第 2 行代码定义了两个列表，第 3 行代码定义了一个空的列表 new_list。第 4~6 行代码分别遍历 list1 与 list2，并合并追加到 new_list 中。

7.2 break、continue、pass

7.2.1 break

在一个完整的工程项目中，经常会以不同的形式使用条件控制结构和循环控制结构。为了更加方便灵活地执行代码，需要添加 break、continue、pass 等语句。下面通过实例来加深理解。

```
1.    for i in range(5):
2.        print("i=%d"%i)
```

输出：

```
i=0
i=1
i=2
i=3
i=4
```

break 语句可用于跳出循环，终止循环语句，即循环条件表达式的值不为 False 或者序列还没被完全递归完，也会停止执行循环语句。break 所在的循环体将不会被执行，转而执行该循环语句后面的语句。break 语句可用在 while 和 for 循环中。下面实例为在一个 for 循环基础上添加 break 语句的情形。

```
3.    for i in range(5):
4.        if i==3:
5.            break
6.    print("i=%d"%i)
```

输出：

```
i=0
i=1
i=2
```

第 1 行是一个简单的 for 循环，循环 5 次打印出 0、1、2、3、4。第 5 行在 for 循环中添加了关键字 break，若 i=3 不成立，则继续循环，否则执行 break 语句。实际上，程序只输出了 0、1、2 便跳出循环体，终止循环语句。因此可以看出，break 这个关键字的作用便是让程序跳出循环体，并不再进入，从而终止循环。

7.2.2　continue

break 语句用来跳出整个循环，而 continue 语句则用来告诉 Python 跳出本次循环，继续执行剩下的循环，即跳过当前循环的剩余语句，然后继续进行下一轮循环。continue 语句可用在 while 和 for 循环中。下面是 continue 停止本次循环的操作示例。

```
7.    for j in range(5):
8.        if j==3:
9.            continue
10.   print("j=%d"%j)
```

输出：

```
i=0
i=1
i=2
j=4
```

第 9 行代码是在原有的 for 循环代码基础上添加了关键字 continue。通过观察运行结果，我们发现本循环中间有一次中断了，j=3 没有输出，也就是第 4 次中断了。但与 break 不同的是，接下去的循环依旧正常进行，因此我们可以知道 continue 这个关键字的作用是终止本次循环，但不跳出循环，后面的循环正常进行。

7.2.3　pass

Python 中的空语句 pass 的作用是保持程序结构的完整性。pass 不做任何事情，它是一个空操作，用于占位语句。下面实例是定义一个 sample()函数，添加 pass 的占位过程，以保证程序不报错。

```
1.    def sample():
2.        pass
```

第 1 行中 Python 定义了一个 sample 函数，第 2 行代码处的 pass 占据一个位置。如果定义一个空函数，程序会报错，所以当你没有想好函数的内容时，可以用 pass 填充，使程序可以正常运行。

7.3 本章练习

1. 简答题

请简述 break 与 continue 关键字的区别。

2. 选择题

Python 循环语句的关键字是（ ）。

A．for　　　　　B．hello　　　　　C．do　　　　　D．break

3. 上机题

一张纸的厚度大约是 0.08mm，基于所学知识，计算对折多少次之后能达到珠穆朗玛峰的高度（8848.13m）？

第 **8** 章

函数

内容概要:

- ❑ 函数概述

- ❑ 函数的参数

- ❑ 形参与实参

- ❑ return 关键字

8.1 函数概述

函数是可以重用的程序段,也就是给一个语句块赋予一个名称后,然后就可以在程序中的任何地方、任意多次地运行这个语句块,这被称为调用函数。我们知道,Python 中有很多内置的函数,如 print()等,但用户也可以创建自己的函数,这样的函数被称为用户自定义函数。

定义自己想要的函数时,要遵从以下简单的规则。

- ❑ 函数代码块以"def"关键字开头,后接函数名和小括号()。

- ❑ 任何传入参数和自变量必须放在小括号中间。小括号之间可以用于定义参数。

- ❑ 函数的第一行语句可以选择性地使用文档字符串,用于存放函数说明。

- ❑ 函数内容以冒号起始,并有缩进。

- ❑ return [表达式]结束函数,选择性地返回一个值给调用方。不带表达式的 return 相当于返回 None。

从函数定义的角度看，函数可分为库函数和用户自定义函数。

❑ 库函数：由 Python 系统提供，用户无须定义，在前面各章的例题中反复用到的 print、range 等函数均属此类。

❑ 用户自定义函数：由用户按需编写的函数。

函数用关键字 def 来定义。def 关键字后跟一个函数的名称，然后跟一对小括号。小括号中可以包括一些变量名，该行以冒号结尾。接下来是一块语句，它们是函数体。下面这个函数实现了打印"hello world！"的功能。

```
1.    def print_hello():
2.        print('hello world!')
3.    print_hello()    #这是调用方法
```

输出：

```
hello world!
```

第 1 行代码中的 def 是定义 print_hello 函数的关键字，小括号往往用来放置函数需要传递的参数，没有则空置。这个函数不使用任何参数，因此在小括号中没有声明任何变量。对于函数而言，参数只是给函数的输入，以便于可以传递不同的值给函数，然后得到相应的结果。第 2 行代码是函数的函数体。第 3 行代码是调用函数的方法，最终输出"hello world！"。

8.2 函数的参数

8.2.1 形式参数和实际参数

有参函数比无参函数多了一个内容，函数取得的参数是提供给函数的值，这样函数就可以利用这些值做一些事情。这些参数就像变量一样，只不过它们的值是在调用函数的时候定义的，而非在函数本身内赋值。参数在函数定义的小括号对内指定，用逗号分隔。当调用函数时，我们以同样的方式提供值。

注意我们使用过的术语：函数中的参数称为形参（形式参数），而用户提供给函数调用的值称为实参（实际参数）。

函数的形参和实参具有以下特点。

❑ 形参变量只有在被调用时才分配内存单元,在调用结束时,即刻释放所分配的内存单元。因此,形参只在函数内部有效。函数调用结束返回主调函数后,则不能再使用该形参变量。

❑ 实参可以是常量、变量、表达式和函数等,无论实参是何种类型的量,在进行函数调用时,它们都必须具有确定的值,以便把这些值传递给形参。因此应预先用赋值、输入等办法使实参获得确定值。

❑ 实参和形参在数量、类型和顺序上应满足传参规则,否则会发生类型不匹配的错误。

❑ 函数调用中发生的数据传递是单向的。即只能把实参的值传递给形参,而不能把形参的值反向传递给实参。因此在函数调用过程中,形参的值发生改变,而实参中的值不会变化。

```
1.    def print_name(name):
2.        print('hello',name)
3.    #调用函数
4.    print_name("zero")     #直接给值
5.
6.    a="one"
7.    print_name(a)          #传递值
```

这里,我们定义了 print_name 函数,这个函数需要一个形参,叫作 name。在第 1 个 print_name 中,我们直接把值(即实参)提供给函数。在第 2 个 print_name 使用过程中,我们使用变量调用函数。print_name(a)使实参 a 的值赋给形参 name。在两次调用中,print_name 函数的工作完全相同。

8.2.2　形式参数设置

可以使用以下类型的形式参数来调用函数。

❑ 必需参数

❑ 关键字参数

❑ 默认参数

❑ 可变长参数

1. 必需参数

必需参数是以正确的位置顺序传递给函数的参数。这里,函数调用时的参数数量必须和声明时完全一致。

```
1.    def print_name(name):
2.        print('hello',name)
```

调用 print_name()函数时，必须传入一个参数，不然会出现语法错误。

```
3.    print_name()        #调用print_name
```

输出：

```
TypeError: print_name() missing 1 required positional argument: 'name'
```

第 1 行和第 2 行代码定义了函数，第 3 行代码调用了函数，但是并没有传递参数，结果报 TypeError 错。

2．关键字参数

关键字参数与函数调用有关。在函数调用中使用关键字参数时，调用者通过参数名称来标识参数。这里允许跳过参数或将其置于无序状态，因为 Python 解释器能够使用提供的关键字将值与参数进行匹配。

```
1.    def print_ng(name,age):
2.        print('hello',name,age)
3.    print_ng("zero",18)        #相对位置直接参数传递
```

输出：

```
hello zero 18
```

第 3 行代码采用相对位置直接传递参数，执行成功。

```
4.    print_ng(name="zero",age=18)        #绝对位置传参（关键字传参）
```

输出：

```
hello zero 18
```

第 4 行代码采用相对位置关键字传递参数，执行成功。

```
5.    print_ng(age=18,name="zero")        #绝对位置传参（关键字传参）
```

输出：

```
hello zero 18
```

第 5 行代码采用相对位置关键字传递参数，且将参数顺序进行了调整，通过参数名称

来标识参数，执行成功。

3．默认参数

如果在具有默认参数的函数调用时，参数的值没有被传入，则被认为是执行默认值。下面示例由于 age 参数没有被传入，会输出默认的 age。

```
1.    def print_ns(name,sex="男"):
2.        print('hello',name,sex)
3.    print_ns("zero")    #定义一个默认值参数，不指定直接调用
```

输出：

```
    hello zero 男
```

```
4.    print_ns("zero","女")    #指定，即选择传入的参数
```

输出：

```
    hello zero 女
```

第 1 行代码中指定了 print_ns 函数的 sex 参数，默认值为"男"；在第 3 行代码的调用中并没有传入 sex 参数的具体值，可见其输出中 sex 对应值为"男"；在第 4 行代码中传递 sex 值为女，则在调用后输出为"hello zero 女"，不再是默认参数。

4．可变长参数

在定义函数时，可能需要处理更多参数的函数。这些参数被称为可变长度参数，并且不像必需参数和默认参数那样在函数定义中命名，其形式为：

```
def func(*args):
    ....
```

```
1.    #定义add函数
2.    def add(data):
3.        sum = 0
4.        for i in data:
5.            sum = sum + i
6.         print(sum)
7.    #定义add1函数
8.    def add1(*data):
9.        sum = 0
10.        for i in data:
11.            sum = sum + i
12.        print(sum)
```

60

分别定义了两个函数，add 与 add1 的区别为参数设置：一个为 add(data)，另一个为 add1(*data)。在 add() 中，如果想进行求和计算，传参的正确方法如第 13 行代码所示。

```
13.  add([2,3,4,5,6])
```

输出：

```
20
```

在 add1() 中，正确的传参是可变的参数：add1(2,3,4,5,6)。如果想借助 add1() 函数，把列表或者元组传入，应该是 add1(*[3,4,5,6])。如果使用 add1([2,3,4,5,6])，将会报 TypeError 错：unsupported operand type(s) for +: 'int' and 'list'。

```
14.  add1(2,3,4,5,6)
```

输出：

```
20
15.  add1(*[2,3,4,5,6])
```

输出：

```
20
```

在 list 或者 tuple 传入的时候，前面加入*，会自动将 list 或者 tuple 转化为可变参数传入，如第 15 行代码所示。

有时还会看到**的传参形式，这是关键字不定长参数。它能够扩展函数的功能，传入 key-value 的 dict 形式。

```
1.    def add2(**data):
2.        print (data)
3.    add2(data={'a':1,'b':4,'c':5})    #传入一个字典
```

输出：

```
{'data': {'a': 1, 'b': 4, 'c': 5}}
4.    add2(name="zero",age=12)   #key-value传递
```

输出：

```
{'name': 'zero', 'age': 12}
```

函数的参数传递应该根据具体的需求，选择适当的参数传递方式，只有深入了解才能在工作学习中有效运用。

8.3　return 语句

return 是 Python 语言中用来从一个函数返回的语句，即跳出函数。我们也可以选择是否从函数返回一个值。return 返回值可以是一个数值、一个字符串、一个布尔值或者一个列表。

程序运行过程中遇到第一个 return 即返回（退出 def 块），不会再运行第二个 return。要返回两个数值，写成一行即可。

下面来构建一个函数，使用 return 来返回结果。

```
1.    def add(x,y):
2.        z = x + y
3.        return z
4.    add(2,3)
```

输出：

```
     5
```

但是也并不意味着一个函数体中只能有一个 return 语句，例如：

```
1.    def test_return(x):
2.        if x > 0:
3.            return x
4.        else:
5.            return 0
```

判断 x 的正负，如果 x>0，则返回 x，否则返回 0。如果函数没有 return，则默认返回 None。

下面是一个递归函数①的案例。

```
1.    def gcd(a,b):
2.        if a%b==0:
3.            return b
4.        else:
5.            gcd(b,a%b)
6.    gcd(1,1)    #调用函数
```

输出：

---

① 递归就是一个函数在它的函数体内调用它自身。执行递归函数将反复调用其自身，每调用一次就进入新的一层。

```
1.          1
7.      r=gcd(100,3)
8.      print(r)
```

输出：

```
    None
```

递归无 return，返回 None。%为取余数操作，else 中没有 return 就没有出口，这个程序是在自己内部运行，程序没有返回值。下面在递归函数中添加 return，示例如下：

```
9.      def gcd(a, b):
10.        if a % b == 0:
11.            return b
12.        else:
13.            return gcd(b, a % b)
14.    r=gcd(100,3)
15.    print(r)
```

输出：

```
    1
```

在第 13 行代码中添加了 return，可以看出，已经输出了值。

return 的用法没有什么特别之处，Python 初学者只要记住函数要有返回值就可以了。建议读者多做练习，对掌握知识点很有帮助。

8.4   本章练习

1．简答题

实际参数和形式参数有何不同？列举形式参数可以使用哪几种方式来调用函数。

2．选择题

下面表示 Python 下函数关键字的是（   ）。

A．class   B．def   C．for   D．list

3．上机题

基于所学知识，使用 Python 编写一个函数，使其返回 3 个整数中的最大值。

第**9**章

模块与异常

内容概要：

❑ 模块概述

❑ 模块导入

❑ 错误与异常

❑ 异常捕获与抛出

9.1 模块

9.1.1 概述

1．模块简介

当程序代码量变得相当大、逻辑结构变得非常复杂的时候，最好把代码按照逻辑和功能划分成一些有组织的代码块，并将其保存到一个个独立的文件中。这些自我包含并且有组织的代码块就是 Python 模块（Module）。模块是一个 Python 文件，以.py 结尾，包含了 Python 对象定义和 Python 语句。模块用于有逻辑地组织 Python 代码段。把相关的代码分配到一个模块里，能让代码更好用、更易懂。模块能定义函数、类和变量，模块里也可以包含可执行的代码。

2．模块的优势

❑ 提高了代码的可维护性。我们把函数进行分组，分别放在不同的模块中。

❑ 编写代码不必从零开始，一个模块编写完毕，就可以被其他的模块引用。Python

有很多内置的模块和第三方模块供引用。

❑ 避免函数名和变量名重复。相同的函数名和变量名可以同时存在于不同的模块中。

3．模块的划分

模块本质就是一个以.py 结尾的 Python 可执行文件，模块能定义函数、类和变量，且分为内置模块、第三方模块和自定义模块。

❑ 内置模块：Python 自带的，通过 import 命令可直接使用，比如 time 时间模块就是可以直接使用的。

❑ 第三方模块：是外部的模块，需要先下载（pip install module_name 命令）配置安装。比如在自然语言处理领域常用的 gensim 模块，就需要先安装再使用。

❑ 自定义模块：自己定义的模块。

9.1.2　模块的导入

1．import 语句

在 Python 中，用关键字 import 来导入某个模块，比如要引用模块 math，就可以在文件最开始的地方用 import math 来导入。一旦导入完成，模块的属性（函数和变量）就可以通过点（.）属性标识访问。

```
1.    import math
2.    math.fabs(-1)
```

输出：

```
    1.0
```

第 1 行代码为导入 math 模块，第 2 行代码为引用 math 模块下的取绝对值方法，即模块名.函数名（math.fabs(-1)）。

如果需要导入多个模块，可以使用 import module1[, module2[,... moduleN]]的形式，比如要导入 math 与 time 模块，直接写成 import math,time 即可。

2．from…import 语句

Python 中的 from 语句用来从模块中导入指定的部分功能到当前命名空间中，语法如下：

from modname import name1[, name2[, ... nameN]]

其格式是：from 模块名 import　函数名

```
1.    from math import fabs
2.    fabs(-1)
```

输出：

```
    1.0
```

3．from…import*语句

把一个模块的所有内容导入当前的命名空间也是可行的，只需使用声明：from modname import *。其中，星号（*）代表全部。

这里提供了一个简单的方法来导入模块中的所有项目，然而这种声明不宜过多使用。

例如我们想一次性引入 math 模块中所有的东西，语句如下：

from math import *

4．小结

前面介绍了导入模块的常见形式，在开发过程中为了引用模块的多次复用，使代码简洁，可以对模块使用别名处理以方便引用。

比如 import numpy as np 中的 as 关键字是别名的意思。那么这句代码就是将 numpy 别名定义为 np，在调用过程中无须使用 numpy，直接用 np，省去了复杂的代码编写。

通过以上介绍，将导入模块的方式以及调用函数的形式总结如下。

❑　方式 1：import　模块名

　　使用时：模块名.函数名()。

❑　方式 2：from　模块名　import 函数名

　　使用时：函数名()。

❑　方式 3：from　模块名　import *

　　使用时：函数名()。

❑　方式 4：from　模块名 import 函数名 as　alias（自定义别名）

　　使用时：alias( )。注意：原来的函数名将失效。

9.2　异常

9.2.1　错误

Python 的错误往往是语法错误，也叫解析错误，这可能是 Python 初学者最容易犯的一类错误。

比如一个简单的 print 语句，如果把 print 误拼为 Print，则会引发一个语法错误，如图 9-1 所示。

```
1.    Print("hello world")
```

```
--------------------------------------------------------------------
NameError                                   Traceback (most recent call last)
<ipython-input-86-9e94fdc0344b> in <module>()
----> 1 Print("hello world")

NameError: name 'Print' is not defined
```

图9-1　引发语法错误

图 9-1 中引发了一个错误 NameError，并且错误位置也被错误处理器打印了出来。

9.2.2　异常

即使在语法上完全正确，语句也有可能引发错误。在程序运行过程中检测出来的错误，被称为异常。任何程序在运行时都有可能出现错误，例如除数为 0、数组表索引越界、要读写的文件不存在、网络中断，等等。异常通常不会导致致命的问题，完全可以通过对程序进行多次检验来排查异常。捕获异常最理想的情况是在编译期间，但有的错误只有在运行时才会发生。通过异常捕获处理，Python 会在引发错误的同时告诉用户错误在哪里，从而进行处理。

```
1.    file=open("chaper_09_0.txt","r")
```

输出如图 9-2 所示。

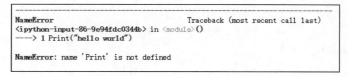

```
--------------------------------------------------------------------
FileNotFoundError                           Traceback (most recent call last)
<ipython-input-91-124fc22693d8> in <module>()
----> 1 file=open("chaper_09_0.txt","r")

FileNotFoundError: [Errno 2] No such file or directory: 'chaper_09_0.txt'
```

图9-2　第一行代码运行引发异常结果

第 1 行代码读取 chaper_09_0.txt 文件，图 9-2 是引发的异常，表示在当前路径下找不到文件。

9.2.3　异常捕获与抛出

1．捕获异常

使用 try…except 语句可以捕获异常。try…except 语句用来检测 try 语句块中的错误，从而让 except 语句捕获并处理异常信息。如果用户不想在异常发生时结束程序，只需在 try 里捕获它。

下面是一个要求用户输入整数的案例。try 表示尝试，在 try 下方编写要尝试的代码，即不确定是否正常执行的代码。如果 try 下方代码中发生异常，则 except 下方编写执行尝试失败的代码。

```
1.   try:
2.       num = int(input("请输入数字: "))     #提示输入一个数字
3.       print("输入正确")
4.   except:
5.       print("请输入正确的数字")
```

第 2 行代码为获取用户的输入，通过 input 获取输入，之后再使用 int()将其转化成整数。下面执行代码，当输入为 1 时，输出结果如图 9-3 所示。当输入字母 a 时，输出结果如图 9-4 所示。

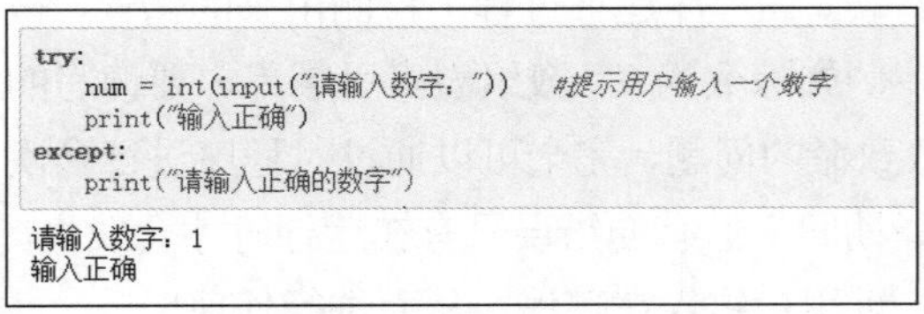

图9-3　输入为1的情况

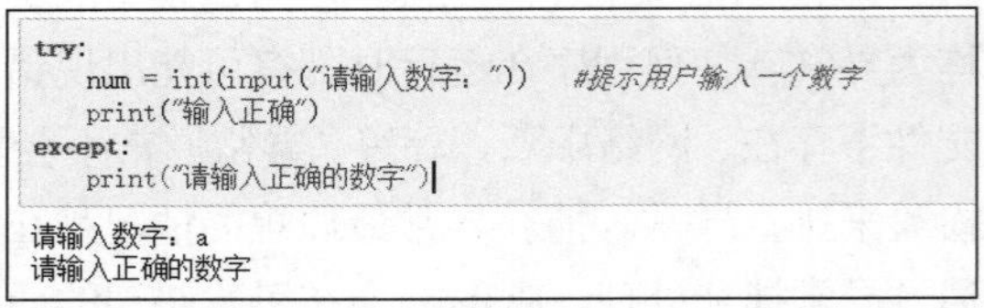

图9-4　输入为a的情况

当输入字母 a 时，try 下面的语句 num = int(input("请输入数字："))会出现错误，由于 int()不能够将字符转化为整数，故会抛出异常，转而执行 except 下面的语句，如图 9-4 所示。

2．捕获错误类型

在程序执行时，可能会遇到不同类型的异常，针对不同类型的异常，需要做出不同的响应，这时就需要捕获异常类型了。

这里采用 try…except 形式进行处理，多次调用 except 判断异常类型，语法如下：

```
try:

    #尝试执行的代码

    pass

except 错误类型 1:

    #针对错误类型 1，对应的代码处理

    pass

except (错误类型 2, 错误类型 3):

    #针对错误类型 2 和 3，对应的代码处理

    pass
```

下面通过一个案例来学习一下。要求用户输入整数，使用 8 除用户输入的整数并且输出。

```
1.      """
2.      功能:提示输入一个整数，使用8除用户输入的整数并且输出
3.      说明:如果输入错误，则根据异常类型执行相应代码
4.      """
5.      try:
6.          num = int(input("请输入整数: "))
7.          result = 8 / num
8.          print(result)
9.      except ValueError:
10.         print("请输入正确的整数")
11.     except ZeroDivisionError:
12.         print("除数为 0 错误")
```

第 1～4 行代码是多行注释代码，用于说明代码功能；第 5～8 行是处理输入整数情况下要执行的代码；第 9 行和第 10 行代码是当出现 ValueError（输入值类型错误）时要执行的代码，第 11 行和第 12 行代码是当出现 ZeroDivisionError（除数为 0 错误）时要执行的代码。这里分别输入 2、b、0，其运行结果对应图 9-5～图 9-7。

3．捕获未知错误

在开发时，很难预判所有可能出现的错误。如果希望程序无论出现任何错误，都不会因为 Python 解释器抛出异常而被终止，那么可以再增加一个 except 语句。如果需要捕获未

知异常，则可以通过如下语法实现。

　　try:

　　　　#尝试执行的代码

　　　　pass

　　except Exception as result:

　　　　print("未知错误 %s" % result)

```
"""
功能:提示输入一个整数,使用8除以用户输入的整数并且输出
说明:如果输入错误,则根据异常类型执行相应代码
"""
try:
    num = int(input("请输入整数: "))
    result = 8 / num
    print(result)
except ValueError:
    print("请输入正确的整数")
except ZeroDivisionError:
    print("除 0 错误")

请输入整数: 2
4.0
```

图9-5　输入为2的情况

```
"""
功能:提示输入一个整数,使用8除以用户输入的整数并且输出
说明:如果输入错误,则根据异常类型执行相应代码
"""
try:
    num = int(input("请输入整数: "))
    result = 8 / num
    print(result)
except ValueError:
    print("请输入正确的整数")
except ZeroDivisionError:
    print("除 0 错误")

请输入整数: b
请输入正确的整数
```

图9-6　输入为b的情况

```
"""
功能:提示用户输入一个整数,使用8除以用户输入的整数并且输出
说明: 如果输入错误,则根据异常类型执行相应代码
"""
try:
    num = int(input("请输入整数: "))
    result = 8 / num
    print(result)
except ValueError:
    print("请输入正确的整数")
except ZeroDivisionError:
    print("除 0 错误")

请输入整数: 0
除 0 错误
```

图9-7　输入为0的情况

下面通过一个案例来学习。

```
1.    try:
2.        num = int(input("请输入数字: "))    #提示输入一个数字
3.        print("输入正确")
4.    except  Exception as result:
5.        print("未知错误 %s" % result)
```

第 4 行和第 5 行代码即为捕获异常并打印输出的情况。这里我们分别输入 3 和 c 进行

测试，当输入 3 时执行正常，输出结果如图 9-8 所示；当输入 c 时出现错误，执行 except 下方代码，输出结果如图 9-9 所示。

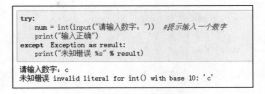

```
try:
    num = int(input("请输入数字："))   #提示输入一个数字
    print("输入正确")
except Exception as result:
    print("未知错误 %s" % result)

请输入数字：3
输入正确
```

图9-8　输入为3的情况

```
try:
    num = int(input("请输入数字："))   #提示输入一个数字
    print("输入正确")
except Exception as result:
    print("未知错误 %s" % result)

请输入数字：c
未知错误 invalid literal for int() with base 10: 'c'
```

图9-9　输入为c的情况

4．捕获异常完整语法

在实际的项目开发中，成千上万行代码在运行，因此必须构建健壮的代码。只有做好异常处理，才可以处理复杂的异常情况，完整的异常处理语法如下。

try:

　　#尝试执行的代码

　　pass

except 错误类型 1:

　　#针对错误类型 1，对应的代码处理

　　pass

except 错误类型 2:

　　#针对错误类型 2，对应的代码处理

　　pass

except (错误类型 3,...,错误类型 n):

　　#针对错误类型 n，对应的代码处理

　　pass

except Exception as result:

　　#打印错误信息

　　print(result)

71

else:

　　#没有异常才会执行的代码

　　pass

finally:

　　#无论是否有异常，都会执行的代码

　　print("无论是否有异常，都会执行的代码")

在语法中，else 是只有在没有异常时才会执行的代码。finally 无论是否有异常，都会执行的代码。下面将前面介绍的诸多异常处理案例进行完善，构建完整异常处理语法的示例如下。

```
1.    try:
2.        num = int(input("请输入整数: "))
3.        result = 8 / num
4.        print(result)
5.    except ValueError:
6.        print("请输入正确的整数")
7.    except ZeroDivisionError:
8.        print("除 0 错误")
9.    except Exception as result:
10.       print("未知错误 %s" % result)
11.   else:
12.       print("正常执行")
13.   finally:
14.       print("执行完成，但是不保证正确")
```

以上代码是一个完整的异常捕获与处理小案例。

通过获取异常，并针对不同的异常情况进行处理，可以判定执行过程中的代码是否正确。else 下方输出"正常执行"，如果输出此信息，就代表程序运行没有错误，输入的参数与 try 下方执行的代码是没有报错的。

一个完整的异常捕获无论输入的参数是否正确，程序都会顺利执行下去。如果在项目开发中有效利用完整的异常捕获，则不会导致项目整体崩溃，可以很快速地根据程序日志找到错误点并予以解决。

下面分别输入 4 和 d，代码的运行结果如图 9-10 和图 9-11 所示。

读者现在先对这个语法结构有个印象即可。有关完整语法的应用场景，只有结合实际案例才会更好理解。

```
try:
    num = int(input("请输入整数："))
    result = 8 / num
    print(result)
except ValueError:
    print("请输入正确的整数")
except ZeroDivisionError:
    print("除 0 错误")
except Exception as result:
    print("未知错误 %s" % result)
else:
    print("正常执行")
finally:
    print("执行完成，但是不保证正确")

请输入整数：4
2.0
正常执行
执行完成，但是不保证正确
```

图9-10　输入为4的情况

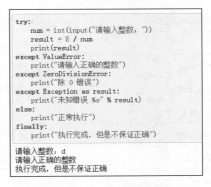

```
try:
    num = int(input("请输入整数："))
    result = 8 / num
    print(result)
except ValueError:
    print("请输入正确的整数")
except ZeroDivisionError:
    print("除 0 错误")
except Exception as result:
    print("未知错误 %s" % result)
else:
    print("正常执行")
finally:
    print("执行完成，但是不保证正确")

请输入整数：d
请输入正确的整数
执行完成，但是不保证正确
```

图9-11　输入为d的情况

9.2.4　常见异常

通过异常处理，我们可以对用户在程序中的非法输入进行控制和提示，以防程序崩溃。下面是常见异常，见表 9-1。

表 9-1　常见异常

异常名称	描述
BaseException	所有异常的基类
SystemExit	解释器请求退出
KeyboardInterrupt	用户中断执行（通常是输入^C）
Exception	常规错误的基类
StopIteration	迭代器没有更多的值
GeneratorExit	生成器（generator）发生异常来通知退出
StandardError	所有的内建标准异常的基类
ArithmeticError	所有数值计算错误的基类
FloatingPointError	浮点计算错误
OverflowError	数值运算超出最大限制
ZeroDivisionError	除（或取模）零（所有数据类型）
AssertionError	断言语句失败
AttributeError	对象没有这个属性
EOFError	没有内建输入，到达EOF标记

续表

异常名称	描述
EnvironmentError	操作系统错误的基类
IOError	输入/输出操作失败
OSError	操作系统错误
WindowsError	系统调用失败
ImportError	导入模块/对象失败
LookupError	无效数据查询的基类
IndexError	序列中没有此索引（index）
KeyError	映射中没有这个键
MemoryError	内存溢出错误（对于Python解释器来说，不是致命的）
NameError	未声明/初始化对象（没有属性）
UnboundLocalError	访问未初始化的本地变量
ReferenceError	弱引用（Weak reference）访问已经垃圾回收的对象
RuntimeError	一般的运行时错误
NotImplementedError	尚未实现的方法
SyntaxError	Python语法错误
IndentationError	缩进错误
TabError	Tab和空格混用
SystemError	一般的解释器系统错误
TypeError	对类型无效的操作
ValueError	传入无效的参数
UnicodeError	Unicode相关的错误
UnicodeDecodeError	Unicode解码时的错误
UnicodeEncodeError	Unicode编码时的错误
UnicodeTranslateError	Unicode转换时的错误
Warning	警告的基类
DeprecationWarning	关于被弃用的特征的警告
FutureWarning	关于构造将来语义会有改变的警告
OverflowWarning	旧的关于自动提升为长整型（long）的警告

续表

异常名称	描述
PendingDeprecationWarning	关于特性将会被废弃的警告
RuntimeWarning	可疑的运行时行为（runtime behavior）的警告
SyntaxWarning	可疑的语法的警告
UserWarning	用户代码生成的警告

在学习和工作中，对异常的掌握程度影响着项目的开发周期。掌握表 9-1 中的常见异常，读者可逐步成为 Python 高手。

9.3 本章练习

1. 简答题

请列举模块的导入方法，并说明 as 的作用。

2. 选择题

下面表示 Python 操作系统错误的是（　　）。

A．OSError　　　　B．IOError　　　　C．SystemExit　　　　D．SyntaxWarning

3. 上机题

从键盘上输入 x 的值，并计算 $y = \ln(x+2)$ 的值，要求用异常处理"（$x+2$）为负时求对数"的情况。

第**10**章

文件操作

内容概要：

❑　文件的读取

❑　文件写入

❑　内容获取

❑　文件指针

10.1　文件的读写

10.1.1　概述

前面章节已经介绍了从标准输入（键盘）读取数据，本节将介绍如何使用实际的数据文件。Python 提供了默认操作文件所必需的基本功能和方法。使用文件对象，可以执行大部分文件操作。对文件的读写能力，依赖于用户在打开文件时指定的模式。最后，当完成对文件的操作时，调用 close 方法，告诉 Python 我们完成了对文件的使用。

在读取或写入文件之前，必须使用 Python 内置的 open() 函数打开文件。此函数创建一个文件对象，该对象将用于调用与其相关联的其他方法，形式如下：

```
file object = open(file_name [, access_mode][, buffering])
```

下面是参数的详细信息。

❑　file_name：文件名参数，包含要访问的文件名的字符串。

❑　access_mode：access_mode 指定该文件的打开方式，即读、写、追加等方式。

❑ buffering：如果该缓冲值被设置为 0，则表示不使用缓冲；如果该缓冲值是 1，则在访问文件时进行缓冲；如果指定缓冲值是大于 1 的整数，则使用指定的缓冲器大小进行缓冲；如果是负数，则缓冲区大小为系统默认值。

10.1.2　文件读取

读写文件是最常见的 I/O 操作。Python 内置了读写文件的函数。要以读文件的模式打开一个文件对象，需使用 Python 内置的 open()函数传入文件名和对应操作模式。例如，一个 txt 文本文件，文件名为 chapter_10_1.txt，如图 10-1 所示。

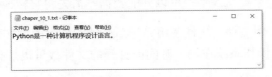

图10-1　chapter_10_1.txt文件

```
1.    file=open("chapter_10_1.txt","r")
2.    file.read()
3.    file.close()
```

输出：

'Python是一种计算机程序设计语言。'

在第 1 行代码中，第一个参数是一个标识文件名的字符串，第二个参数是由有限的字母组成的字符串，描述了文件将会被如何使用，可选的模式见表 10-1。通常选择'r'，文件只读，'r+'代表此选项以读写的方式打开文件，如果没有指定，默认为'r'模式。当处理二进制文件时，模式参数增加'b'即可，如'rb'。第 2 行代码为读取全部文件内容，第 3 行代码为关闭文件。文件使用完毕后必须关闭，因为文件对象会占用操作系统的资源，并且操作系统在同一时间能打开的文件数量也是有限的。

表 10-1　文件的读取方式

模式	描述
r	以只读方式打开文件，文件的指针将会放在文件的开头，这是默认模式
rb	以二进制格式打开一个文件用于只读，文件指针将默认放在文件的开头
r+	打开一个文件用于读写，文件指针将会放在文件的开头
rb+	以二进制格式打开一个文件用于读写，文件指针将会放在文件的开头

定义 file=open("chapter_10_1.txt","r")，file 为使用 open 打开后的对象。对于 file，常用

对象方法有如下。

- ❑ file.read(size)：参数 size 表示读取的数量，省略 size 则读取全部。

- ❑ file.readline()：读取文件的一行内容。

- ❑ file.readlines()：读取所有的行，并以文件的每行作为一个元素保存到数组[line1, line2,…,lineN]里面。当要处理文件较大时，为了避免将文件的所有内容都加载到内存中，常常使用这种方法来提高效率。

- ❑ file.write()：如果要写入字符串以外的数据，需先将它转换为字符串。

- ❑ file.close()：关闭文件。文件使用完毕后必须关闭，因为文件对象会占用操作系统的资源，并且操作系统在同一时间能打开的文件数量也是有限的。

由于文件读写时都有可能产生 IOError，一旦出错，后面的 f.close()就不会被调用。所以，为了保证无论是否出错都能正确地关闭文件，我们可以使用 try … finally 来实现，如下所示。

```
try:
    f = open('file', 'r')
    print(f.read())
finally:
    if f:
        f.close()
```

但是由于每次都这么写实在太烦琐，所以 Python 引入了 with 语句来自动调用 close()方法：

```
with open('file', 'r') as f:
    print(f.read())
```

这和前面的 try … finally 是一样的，但是代码更简洁，并且不必调用 f.close()方法。

10.1.3　文件写入

在使用 Python 处理数据的过程中，通常需要将处理的结果保存到数据库或者文件中，这是一个简单的写入操作。常用的写入模式如表 10-2 所示。

表 10-2　写入模式

模式	描述
w	打开一个文件只用于写入。如果该文件已存在，则打开文件，并从开头开始编辑，即原有内容会被删除。如果该文件不存在，则创建新文件
wb	以二进制格式打开一个文件只用于写入。如果该文件已存在则打开文件，并从开头开始编辑，即原有内容会被删除。如果该文件不存在，则创建新文件

续表

模式	描述
w+	打开一个文件用于读写。如果该文件已存在，则打开文件，并从开头开始编辑，即原有内容会被删除。如果该文件不存在，则创建新文件
wb+	以二进制格式打开一个文件用于读写。如果该文件已存在，则打开文件，并从开头开始编辑，即原有内容会被删除。如果该文件不存在，则创建新文件
a	打开一个文件用于追加。如果该文件已存在，文件指针将会放在文件的末尾。也就是说，新的内容将会被写入已有内容之后。如果该文件不存在，则创建新文件进行写入
ab	以二进制格式打开一个文件用于追加。如果该文件已存在，文件指针将会放在文件的末尾。也就是说，新的内容将会被写入已有内容之后。如果该文件不存在，则创建新文件进行写入
a+	打开一个文件用于读写。如果该文件已存在，文件指针将会放在文件的末尾。文件打开时会是追加模式。如果该文件不存在，则创建新文件用于读写
ab+	以二进制格式打开一个文件用于追加。如果该文件已存在，文件指针将会放在文件的末尾。如果该文件不存在，则创建新文件用于读写

```
1.    with open("chapter_10_2.txt","w") as file:
2.        file.write("hello world")
```

第 1 行代码采用 w 模式，将"hello world"写入 chapter_10_2.txt 文件。with 语句将自动调用 close()方法，结果如图 10-2 所示。

图10-2　chapter_10_2.txt文件

10.2　内容获取与文件指针

10.2.1　read、readline、readlines

通过 open 将文件打开之后，我们希望获取文件的内容，这时通常有 3 种方法，即 read()、readline()和 readlines()。这里通过 chapter_10_3.txt 来详细讨论其应用，chapter_10_3.txt 文件的内容为 6 行文本字符串，如图 10-3 所示。

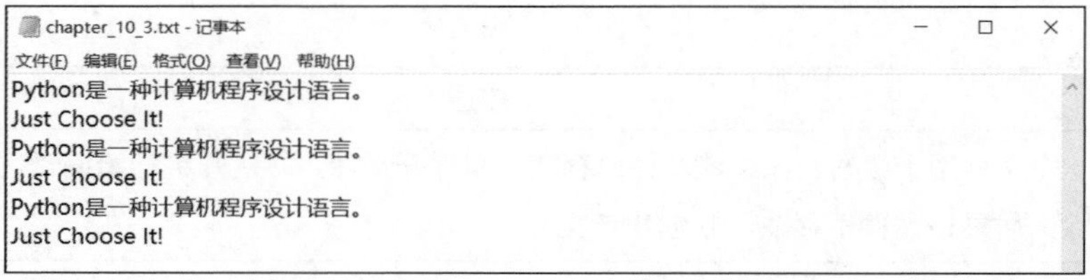

图10-3　chapter_10_3.txt文件

下面通过 open 来获取文件，并分别演示 3 种内容获取方式的区别与联系。

1. read()

```
1.    with open("chapter_10_3.txt","r") as file:
2.        print(file.read())
```

输出：

```
Python是一种计算机程序设计语言。
Just Choose It!
Python是一种计算机程序设计语言。
Just Choose It!
Python是一种计算机程序设计语言。
Just Choose It!
```

file.read()每次读取整个文件，用于将文件内容放到一个字符串变量中。虽然 file.read()
生成文件内容是最直接的字符串表示方法，但对于连续的面向内容行数据的处理，它却是
不必要的，并且如果文件大于可用内存，则不可能实现这种处理。

2. readline()

```
1.    with open("chapter_10_3.txt","r") as file:
2.        print(file.readline())
```

输出：

```
Python是一种计算机程序设计语言。
```

file.readline()每次只读取一行，通常比.readlines()慢得多。仅当没有足够内存可以一次
读取整个文件时，才应该使用.readline()。

3. readlines()

```
1.    with open("chapter_10_3.txt","r") as file:
2.        data=file.readlines()
3.    print(("类型: {}，长度: {}").format(type(data),len(data)))
```

输出：

类型: <class 'list'>，长度: 6

第 3 行代码是通过 format 对 file.readlines() 的数据类型进行判断，并统计长度，输出结果为 list，且长度为 6，即文本文件的行数。

```
4.    print(data)
```

输出：

```
['Python是一种计算机程序设计语言。\n',
    'Just Choose It!\n',
    'Python是一种计算机程序设计语言。\n',
    'Just Choose It!\n',
    'Python是一种计算机程序设计语言。\n',
    'Just Choose It!']
```

第 4 行代码是在 Jupyter notebook 下用 file.readlines() 输出文本内容，是一个长度为 6 的列表，元素依次是 chapter_10_3.txt 文件的每一行内容。在输出结果中，多出的 \n 是换行符，表示换行。

通过上面示例可看出，file.readlines() 自动将文件内容分析成一个行的列表，该列表可以由 Python 的 for…in …结构进行处理。

10.2.2　文件指针

在文件读写操作过程中，文件指针可以满足众多复杂的需求，使获取的内容被有效利用，这里我们介绍 file.tell() 与 file.seek() 两个方法。file.tell() 表示获取当前文件指针的位置，file.seek() 用来移动指针。下面通过 chapter_10_4.txt 文件来具体演示，文件内容包含"a1b2c3"，如图 10-4 所示。

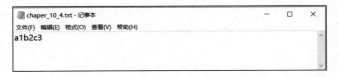

图10-4　chapter_10_4.txt文件

```
1.    file=open("chapter_10_4.txt","r")
2.    file.tell()
```

输出：

```
    0
```

file.tell()返回一个整数，表示当前文件指针的位置。第 1 行代码用来读取文件 chapter_10_4.txt，并获取初始指针位置，返回结果为 0。

```
3.    file.read()
```

输出：

```
    'a1b2c3'
```

```
4.    file.tell()
```

输出：

```
    6
```

```
5.    file.seek(3)
```

输出：

```
    3
```

第 3 行代码获取全部文件内容，第 4 行代码在第 3 行代码的基础之上获取文件的指针，当前已经定位到 6。接下来通过 file.seek()方法移动指针，通过 file.read()获取文件内容观察指针的作用。移动文件指针的方法如下：

```
f.seek(offset,whence=0)
```

参数如下。

- ❑ offset：开始偏移量，也就是代表需要移动偏移的字节数。

- ❑ whence：给 offset 参数一个定义，表示要从哪个位置开始偏移。0 代表从文件开头开始算起，1 代表从当前位置开始算起，2 代表从文件末尾算起。一般此参数可以忽略。

```
6.    file.read()
7.    file.close()
```

输出：

```
    '2c3'
```

第 6 行代码是基于 file.seek(3)读取文件的内容，指针定位为 3，则从 3 开始读取内容，故返回内容'2c3'。通过以上示例可以看出，文件指针的操作相当于对文件的截取操作，利用指针可以有效地获取想要的内容，同时它也是一种针对数据量大导致内存不足问题的解决方案。

10.3　本章练习

1．简答题

请描述在 Python 的 Pandas 库下，open()函数打开文件操作中参数 r、w 和 a 的区别。

2．选择题

下列函数中，（　　）是 open()函数中读取整个文件的操作。

A．file.read()　　　　　B．file.readline()　　　　　C．file.readlines()

3．上机题

基于所学知识，通过 Python 将"Python 文件读写操作"这段文本写入 10.txt 文件。

第**11**章
科学计算库——NumPy

为什么要先学习 NumPy？

NumPy 是一个开源的 Python 科学计算库，它是 Python 科学计算库的基础库，许多其他著名的科学计算库如 Scipy、Pandas、Scikit-Learn 等，都要用到 NumPy 库的一些功能。

查看 NumPy 版本的方法是：

```
1.    import numpy
2.    numpy.__version__
```

输出：

```
1.14.3
```

11.1 NumPy 简介

11.1.1 初识 NumPy

Python 对科学计算的支持是通过不同科学计算功能的程序包和 API 建立的。对于科学计算的每个方面，我们都有大量的选择以及其中最佳的选择。

Python 经过扩展可以支持数组和矩阵类型，并且具有大量的函数，可对这些数组和矩阵进行计算，而且这些数组可以是多维的，而这个扩展程序包就是 NumPy。NumPy 是 Python 用于处理大型矩阵的一个速度极快的数学库。它允许你在 Python 中做向量和矩阵的运算，而且很多底层的函数都是用 C 语言写的，将获得在普通 Python 中无法达到的运行速度。矩阵中每个元素的数据类型都是一样的，因此减少了运算过程中的类型检测。NumPy 的基本功能实现之后，许多 API 工具都在它的基础上建立，包括 SciPy、Pandas

和 Matplotlib 等。

11.1.2　NumPy 安装

NumPy 是基于 Python 的，因此在安装 NumPy 之前，需要先安装 Python。本书推荐直接安装 Anaconda，它不仅支持 Linux、Mac OS X、Windows 系统版本，还包含了众多流行的科学计算和数据分析 Python 包。如果已经安装了 Anaconda，那么代表 NumPy 也已经安装成功。

如果你是通过官网安装的 Python，那么 NumPy 在 Windows、各种 Linux 发行版以及 Mac OS X 上均有二进制安装包。可以根据个人需要，安装包含源代码的版本，但需要安装 Python 2.4.x 或更高的版本。在各个系统环境下安装 NumPy 的命令是 pip install numpy。

11.1.3　NumPy 的数组属性

NumPy 的主要对象是同质多维数组，也就是在一个元素（通常是数字）表中，元素的类型都是相同的。其中，可以通过正整数的元组来对元素进行索引。在 NumPy 中，数组的维度被称为轴（axes），轴的数量称为秩（rank）。例如三维空间中一个点[1,2,1]的坐标，就是秩为 1 的数组，因为它只有一个轴，这个轴的长度为 3。

NumPy 的数组类称为 ndarray，别名为 array。numpy.array 与标准 Python 库类 array.array 不一样，标准库类中只能处理一维数组，并且功能相对较少。ndarray 对象的常见属性如表 11-1 所示。

表 11-1　ndarray 对象属性

属性	含义
T	转置，与self.transpose()相同，如果维度小于2，则返回self
size	数组中元素个数，等于shape元素的乘积
itemsize	数组中每个元素字节的大小，例如，一个类型为float64的元素的数组itemsize为8（=64/8），而一个complex32的数组itersize为4（=32/8）。该属性等价于ndarray.dtype.itemsize
dtype	数组元素的数据类型对象，可以用标准Python类型来创建或指定dtype；或者在后面加上numpy的类型：numpy.int32、numpy.int16、numpy.float64，等等
ndim	数组的轴（维度）的数量。在Python中，维度的数量通常被称为rank
shape	数组的维度，为一个整数元组，表示每个维度的大小。对于一个n行m列的矩阵来说，shape就是（n，m）

续表

属性	含义
data	该缓冲区包含了数组的实际元素。通常情况下，我们不需要使用这个属性，因为我们会使用索引方式来访问数组中的元素
flat	返回数组的一维迭代器
imag	返回数组的虚部
real	返回数组的实部
nbytes	数组中所有元素的字节长度

在 Python 中，如果需要导入某个模块，根据前面章节的介绍，应使用关键字 import，通常出现频次较高的模块为了复用方便，使用 as 对其别名处理。下面通过实例来实现 NumPy 的基本操作。

```
1.    import numpy as np
2.    a = np.random.random(4)
3.    type(a)
```

输出：

```
    numpy.ndarray
```

```
4.    a.shape
```

输出：

```
    (4,)
```

```
5.    a
```

输出：

```
    array([0.55143258, 0.82323672, 0.22691587, 0.14076719])
```

第 1 行代码是导入 NumPy 模块，第 2 行通过 np.random.random(4)随机生成一个浮点数组，第 3 行代码通过 type 判断 a 类型为 numpy.ndarray，第 4 行代码 a.shape 为显示数组 a 的维度为 4，第 5 行代码输出最终生成的数组结果[0.55143258　0.82323672　0.22691587　0.14076719]。

11.1.4　NumPy 的数组类型

对于科学计算来说，Python 中自带的整型、浮点型和复数类型还远远不够，因此 NumPy 中添加了许多数据类型。在实际应用中，需要不同精度的数据类型，它们占用的内存空间也是不同的。在 NumPy 中，大部分数据类型名是以数字结尾，这个数字表示其在内存中占用的位数，见表 11-2[①]。

表 11-2 NumPy 数据类型

类型	描述规则
bool	布尔类型（值为True或False）
inti	由所在平台决定其精度的整数（一般为int32或int64）
int8	整数，范围为−128～127
int16	整数，范围为−32768～32767
int32	整数，范围为-2^{31}～$2^{31}-1$
int64	整数，范围为-2^{63}～2^{63}
uint8	无符号整数，范围为0～255
uint16	无符号整数，范围为0～65535
uint32	无符号整数，范围为0～$2^{32}-1$
uint64	无符号整数，范围为0～$2^{64}-1$
float16	半精度浮点数（16位）：其中用1位表示正负号，5位表示指数，10位表示尾数
float32	单精度浮点数（32位）：其中用1位表示正负号，8位表示指数，23位表示尾数
float64或float	双精度浮点数（64位）：其中用1位表示正负号，11位表示指数，52位表示尾数
complex64	复数，分别用两个32位浮点数表示实部和虚部
complex128或complex	复数，分别用两个64位浮点数表示实部和虚部

在使用 NumPy 的过程中，可以通过 dtype 来指定数据类型，通常这个参数是可选的，或者通过 astype() 来指定。同样，每一种数据类型均有对应的类型转换函数。在观察 NumPy 数据类型的过程中，也可以通过 set(np.typeDict.values()) 命令查看，如下所示。

```
6.    set(np.typeDict.values())
```

输出：

```
{numpy.bool_,
 numpy.bytes_,
 numpy.complex128,
 numpy.complex128,
 numpy.complex64,
 numpy.datetime64,
 numpy.float16,
```

---

① 表格参考：NumPy 用户手册。

```
numpy.float32,
numpy.float64,
numpy.float64,
numpy.int16,
numpy.int32,
numpy.int32,
numpy.int64,
numpy.int8,
numpy.object_,
numpy.str_,
numpy.timedelta64,
numpy.uint16,
numpy.uint32,
numpy.uint32,
numpy.uint64,
numpy.uint8,
numpy.void}
```

在 NumPy 中，关于数据类型方面的操作，请参考下面的案例。

7.　`np.array(5,dtype=int)` #指定数据类型

输出：

```
array(5)
```

8.　`np.array(5).astype(float)`　#由int转换为float数据类型

输出：

```
array(5.)
```

11.2　NumPy 创建数组

11.2.1　通过列表或元组转化

Python 内建对象中，数组有 3 种形式：列表（list）、元组（tuple）和字典（dict），具体形式如下。

❏　list 列表：[1, 2, 3]

❏　tuple 元组：(1, 2, 3)

❏　dict 字典：{a:1, b:2}

在 NumPy 中，使用 numpy.array 将列表或元组转换为 ndarray 数组。其方法为：

```
numpy.array(object, dtype=None, copy=True, order=None, subok=False, ndmin=0)
```

参数如下。

- ❑ object：输入对象列表、元组等。

- ❑ dtype：数据类型。如果未给出，则类型为被保存对象所需的最小类型。

- ❑ copy：布尔类型，默认为 True，表示复制对象。

- ❑ order：顺序。

- ❑ subok：布尔类型，表示子类是否被传递。

```
1.    import numpy as np
2.    list1=[[1,2],[4,5,7]]
3.    a=np.array(list1)
4.    a
```

输出：

```
array([list([1, 2]), list([4, 5, 7])], dtype=object)
```

第 2 行代码定义了一个 list1 列表，第 3 行代码通过 np.array 将列表转化成了数组。

11.2.2　数学基础——矩阵

在科学计算场景中，我们经常提及几阶矩阵，也经常在函数方法中使用，一般关键字涉及 matrix、array 时，多是在处理矩阵形式。下面我们通过现实中的一个案例来详细介绍。

在生产活动和日常生活中，我们常常用数表表示一些量或关系。例如，有某户居民第二季度每个月水（单位：吨）、电（单位：千瓦时）、天然气（单位：立方米）的使用情况，可以用一个 3 行 3 列的数表表示为：

$$
\begin{array}{c}
\begin{array}{ccc} 水 & 电 & 气 \end{array} \\
\begin{array}{l} 4月 \\ 5月 \\ 6月 \end{array}
\begin{bmatrix}
9 & 165 & 14 \\
10 & 190 & 15 \\
10 & 210 & 16
\end{bmatrix}
\end{array}
$$

由上面例子可以看到，对于不同的问题，可以用不同的数表来表示，我们将这些数表统称为矩阵。

定义 1：将 $m \times n$ 个数排列成一个 m 行 n 列的方式如下。

$$\begin{bmatrix} a_{11} & a_{12} & \cdots & a_{1n} \\ a_{21} & a_{22} & \cdots & a_{2n} \\ \vdots & \vdots & & \vdots \\ a_{m1} & a_{m2} & \cdots & a_{mn} \end{bmatrix}$$

这个 m 行 n 列矩阵，简称 $m \times n$ 矩阵。矩阵通常用大写字母 A、B、C、…表示。记作：

$$A = [a_{ij}]_{m \times n}$$

其中 $a_{ij}(i = 1, 2, \cdots, m; j = 1, 2, \cdots, n)$ 称为矩阵 A 的第 i 行第 j 列元素。特别地，当 $m = 1$ 时，即：

$$A = \begin{bmatrix} a_{11} & a_{12} & \cdots & a_{1n} \end{bmatrix}$$

称为行矩阵，又称行向量。当 $n = 1$ 时，即：

$$A = \begin{bmatrix} a_{11} \\ a_{21} \\ \vdots \\ a_{m1} \end{bmatrix}$$

称为列矩阵，又称列向量，当 $m = n$ 时，即：

$$A = \begin{bmatrix} a_{11} & a_{12} & \cdots & a_{1n} \\ a_{21} & a_{22} & \cdots & a_{2n} \\ \vdots & \vdots & & \vdots \\ a_{n1} & a_{n2} & \cdots & a_{nn} \end{bmatrix}$$

称为 n 阶矩阵，或 n 阶方阵。

下面我们来介绍两种特殊的矩阵形式。

1. 零矩阵

零矩阵常常用于算法中构建一个空矩阵，其形式如下：

$$O_{3 \times 4} = \begin{bmatrix} 0 & 0 & 0 & 0 \\ 0 & 0 & 0 & 0 \\ 0 & 0 & 0 & 0 \end{bmatrix}$$

所有元素为 0 的 $m \times n$ 矩阵，称为零矩阵，记作 $\boldsymbol{O}_{m \times n}$ 或 $\boldsymbol{O}$。

2．单位矩阵

单位矩阵往往在运算中担任"1"的作用，其形式如下：

$$E_2 = \begin{bmatrix} 1 & 0 \\ 0 & 1 \end{bmatrix}, \qquad E_3 = \begin{bmatrix} 1 & 0 & 0 \\ 0 & 1 & 0 \\ 0 & 0 & 1 \end{bmatrix}$$

对角线上的元素是 1，其余元素全部是 0 的 n 阶矩阵，称为 n 阶单位矩阵，记作 $\boldsymbol{I}_n$ 或 $\boldsymbol{I}$。

11.2.3 NumPy 构建特殊数组

某些时候，在创建数组之前已经确定了数组的维度以及各维度的长度，这时就可以使用 NumPy 内建的一些函数来创建 ndarray。

例如使用函数 ones 创建一个全 1 的数组、使用函数 zeros 创建一个全 0 的数组、使用函数 empty 创建一个元素随机的数组。在默认情况下，用这些函数创建的数组的类型都是 float64，若需要指定数据类型，只需要设置 dtype 参数即可。同时，上述 3 个函数还有 3 个从已知的数组中创建 shape 相同的多维数组的扩展函数：ones_like、zeros_like、empty_like。

1．ones 函数系列

依据给定形状和类型返回一个元素全为 1 的数组。函数形式为：

```
ones(shape, dtype=None, order='C')
```

参数如下。

❑ shape：定义返回数组的形状，如(2, 3)或 2。

❑ dtype：数据类型，可选。返回数组的数据类型，如 numpy.int8、默认为 numpy.float64。

❑ order：{'C', 'F'}，规定返回数组元素在内存中的存储顺序为 C 语言-row-major、Fortran 语言-column-major。下面通过具体案例来学习。

```
1.    import numpy as np
2.    arr1=np.ones(4)
3.    arr1
```

输出：

```
array([1., 1., 1., 1.])
```

第 1 行代码为导入 NumPy 模块，第 2 行代码为生成一个全部为 1 的数组，其数据类型是 float。

```
4.    arr2=np.ones((4,),dtype=np.int)
5.    arr2
```

输出：

```
array([1, 1, 1, 1])
```

第 4 行代码为生成一个全为 1 的数组 arr2，并将默认的 float 类型数组转化成 int 类型。

```
6.    arr3=np.ones((2,2))
7.    arr3
```

输出：

```
array([[1., 1.],
        [1., 1.]])
```

第 6 行代码为生成一个全为 1 的数组 arr3，数组的维度为(2,2)。

```
8.    arr4=np.array([[1,2,3],[4,5,6]])
9.    arr4
```

输出：

```
array([[1, 2, 3],
        [4, 5, 6]])
```

```
10.   arr5=np.ones_like(arr4)
11.   arr5
```

输出：

```
array([[1, 1, 1],
        [1, 1, 1]])
```

第 8 行代码将现有的列表[[1,2,3],[4,5,6]]转化为数组 arr4。第 10 行代码是生成一个与 arr4 维度相同的全部元素为 1 的数组 arr5。

2. zeros 函数系列

依据给定形状和类型返回一个新的元素全部为 0 的数组。函数形式为：

```
zeros(shape, dtype=None, order='C')
```

参数同 np.ones。

```
12.   arr6=np.zeros((2,2))
13.   arr6
```

输出：

```
array([[0., 0.],
       [0., 0.]])
```

第 12 行代码生成的是一个维度为(2,2)的零矩阵数组。

```
14.   arr7=np.zeros_like(arr4)
15.   arr7
```

输出：

```
array([[0, 0, 0],
       [0, 0, 0]])
```

第 14 行代码生成一个与 arr4 维度完全相同数据全为 0 的数组。arr4 见 11.2.3 节中的第 8 行代码。

3．empty 函数系列

依据给定形状和类型返回一个新的空数组。函数形式为：

```
empty(shape, dtype=None, order='C')
```

参数同 np.ones。

```
16.   arr8=np.empty((2,1))
17.   arr8
```

输出：

```
array([[2.91658375e-312],
       [1.59700248e+241]])
```

第 16 行产生一个维度为(2,1)的数组。

```
18.   arr9=np.empty_like(arr4)
19.   arr9
```

输出：

```
array([[-1325447568,          417, -1303828304],
       [         417,    158466048,  1912602624]])
```

第 18 行代码为生成一个与 arr4 维度完全相同的数组。arr4 见 11.2.3 节中的第 8 行代码。

4．eye 函数系列

依据给定的参数，生成第 k 个对角线的元素为 1，其他元素为 0 的数组。函数形式为：

```
eye(N, M=None, k=0, dtype=float)
```

参数如下。

❑　N：整数，返回数组的行数。

❑　M：整数，可选返回数组的列数。如果不赋值，则默认等于 N。

❑　k：整数，可选对角线序列号。0 对应主对角线，正数对应 upper diagonal，负数对应 lower diagonal。

❑　dtype：可选返回数组的数据类型。

```
20.    arr10=np.eye(2,dtype=int)
21.    arr10
```

输出：

```
array([[1, 0],
       [0, 1]])
```

第 20 行代码是生成(2,2)的对角线为 1 的数组。

```
22.    arr11=np.eye(3,k=1)
23.    arr11
```

输出：

```
array([[0., 1., 0.],
       [0., 0., 1.],
       [0., 0., 0.]])
```

第 22 行代码中参数 k=1，对角线上移了一单位，生成结果如上。

5．identity 函数系列

依据给定参数，一个 n 维单位方阵，函数形式为：

```
identity(n, dtype=None)
```

参数如下。

❑　n：整数返回方阵的行列数，为 int。

❑　**dtype**：数据类型，可选返回方阵的数据类型，默认为 float。

```
24.    arr12=np.identity(3)
25.    arr12
```

输出：

```
array([[1., 0., 0.],
       [0., 1., 0.],
       [0., 0., 1.]])
```

第 24 行代码为生成一个三维单位方阵。

11.3　索引与切片

ndarray 对象的内容可以通过索引或切片来访问或修改，就像 Python 的内置容器对象一样。如前所述，ndarray 对象中的元素遵循基于 0 的索引。可用的索引方法类型分为 3 种：字段访问、基本切片和高级索引。

先来了解一下索引和切片，即使你有一定的 Python 基础，也同样建议您阅读回顾一下，毕竟后面有涉及多维数组的索引。

11.3.1　索引机制

Python 中是下标索引，所谓"下标"，就是编号，就好比超市中的存储柜的编号，通过这个编号就能找到相应的存储空间。字符串实际上就是字符的数组，也支持下标索引。图 11-1 所示为一维数组。

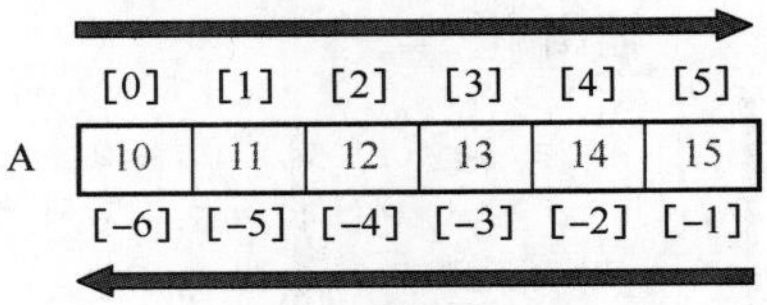

```
1.     a = np.arange(1,6)
2.     a[3]
```

输出：

```
    4
```

图11-1　索引机制

第 1 行代码生成一个一维数组 array([1, 2, 3, 4, 5])，第 2 行代码 a[3]是通过正数索引取值，结果为 4。

```
3.     a[-4]
```

输出：

```
    2
```

第 3 行代码 a[-4]是通过负数索引取值，结果为 2。

95

```
4.    a[[0,3,4]]
```

输出：

```
array([1, 4, 5])
```

第 4 行代码的方括号中传入对应索引值，可同时选择多个元素。

11.3.2　切片机制

通过指定下标的方式来获得某一个数据元素，或者通过指定下标范围来获得一组序列的元素，这种访问序列的方式叫作切片，如图 11-2 所示。

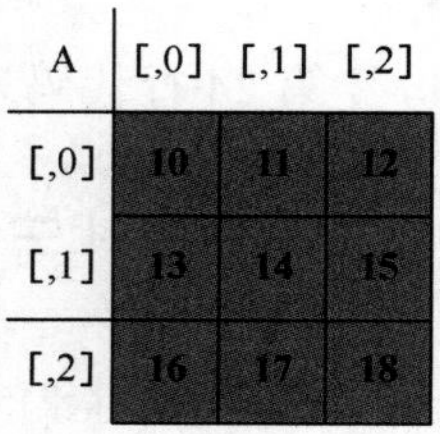

切片操作符在 Python 中的原型是[start:stop:step]，即[开始索引:结束索引:步长值]。

图11-2　切片机制

- ❑　开始索引：同其他语言一样，从 0 开始。序列从左向右第一个值的索引为 0，最后一个为–1。

- ❑　结束索引：切片操作符将取到该索引为止，不包含该索引的值。

- ❑　步长值：默认是一个接着一个切取。如果为 2，则表示进行隔一取一操作。步长值为正时，表示从左向右取；为负时，表示从右向左取。步长值不能为 0。

```
1.    a = np.arange(16).reshape(4,4)
2.    a
```

输出：

```
array([[ 0,  1,  2,  3],
       [ 4,  5,  6,  7],
       [ 8,  9, 10, 11],
       [12, 13, 14, 15]])
```

```
3.    a[1][2]
```

输出：

```
6
```

```
4.    a[1,2]
```

输出：

```
6
```

第 1 行代码是创建一个(4,4)数组。reshape 为更改数组形状，通过第 3 行和第 4 行代码可以看出，a[1][2]与 a[1,2]得到的结果相同。

二维数组可以理解为平面直角坐标系，那么多维数组则相当于 n 维空间的坐标系。通过多个坐标点来确定元素的位置，操作同二维数组类似。

11.3.3 切片索引

通过本章前两节的介绍，相信你已经对 Python 索引与切片有了一定的认识，下面来看看切片索引，如图 11-3 所示。

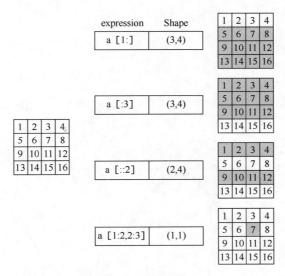

图11-3 切片索引

❑ a[1:]从下标为 1 的元素选择到最后一个元素。

❑ a[1][2]与 a[1,2]通过索引得到元素，a[1:2,2:3]则通过切片形式得到数组。

❑ 切片索引把每一行每一列当作一个列表，返回的都是数组。

动手操作：

分别打印出 a[1:2,2:3]与 a[1][2]，观察有何不同。

11.3.4 布尔型索引

布尔型索引又叫花式索引（Fancy indexing），指的是利用整数数组进行索引。它是基于布尔数据的索引,属于高级索引技术范畴,是利用特定的迭代器对象实现的。布尔型索引非常重要,用 Python 进行科学计算时,常常需要压缩 numpy.array,比如 SciPy 库中的 scipy.sparse.csr_matrix。下面通过具体案例来介绍。

　　利用布尔型索引可以实现图像分割呈现。在处理过程中,将图片处理成一个数组,通过布尔型索引对图片所得数组进行选取操作,完成想要的效果,输出结果如图 11-4 所示。

```
1.    import matplotlib.pyplot as plt
2.    a = np.linspace(0, 2 * np.pi, 200)
3.    b = np.sin(a)
4.    plt.plot(a,b)
5.    mask = b >= 0
6.    plt.plot(a[mask], b[mask], 'bo')
7.    mask = (b >= 0) & (a <= np.pi / 2)
8.    plt.plot(a[mask], b[mask], 'go')
9.    plt.show()
```

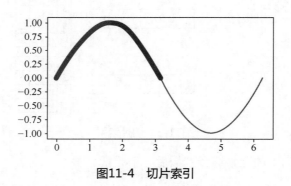

图11-4　切片索引

小贴士:布尔型索引扩展

　　布尔型索引同时支持 Python 比较运算符(>、>=、<和<=)。在使用布尔型索引的过程中,如果需要进行多个条件的组合,则使用布尔运算符&(和)、|(或)。

11.4　矩阵运算与线性代数

　　这里主要介绍 numpy.linalg 函数(linalg=linear+algebra),其常用函数见表 11-3。

表 11-3 numpy.linalg 常用函数

线性函数基础	
np.linalg.norm	表示范数。注意：范数是对向量或者矩阵的度量，是一个标量（scalar）
np.linalg.inv	求逆矩阵。注意：如果矩阵A是奇异矩阵或非方阵，则会抛出异常（方阵即为行数与列数相等的矩阵），计算矩阵A的广义逆矩阵，采用numpy.linalg.pinv
np.linalg.solve	求解线性方程组的精确解
np.linalg.det	求矩阵的行列式
numpy.linalg.lstsq	lstsq表示Least square，求解线性方程组的最小二乘解
特征值与特征分解	
numpy.linalg.eig	特征值和特征向量
numpy.linalg.eigvals	特征值
numpy.linalg.SVD	奇异值分解
numpy.linalg.qr	矩阵的QR分解

11.4.1 范数计算

依据给定的参数计算范数，函数形式为：

```
np.linalg.norm(x,ord=None,axis=None, keepdims=False)
```

参数如下。

（1）x：表示要度量的向量。

（2）ord：表示范数的种类，具体见表 11-4。

（3）axis：处理类型。

❑ axis=1 表示按行向量处理，求多个行向量的范数。

❑ axis=0 表示按列向量处理，求多个列向量的范数。

❑ axis=None 表示矩阵范数。

（4）keepdims：是否保持矩阵的二维特性。True 表示保持矩阵的二维特性，False 则相反。

表 11-4 范数表

参数	说明	计算方法
默认	二范数	$\sqrt{x_1^2 + x_2^2 + \cdots + x_n^2}$
ord=2	二范数	同上
ord=1	一范数	$|x_1| + |x_2| + \cdots + |x_n|$
ord=np.inf	无穷范数	$\max(|x_i|)$

其中，范数理论推论有：一范数≥二范数≥无穷范数。

```
1.    import numpy as np
2.    x = np.array([
3.                    [0, 3, 4],
4.                    [1, 6, 4]])
5.    np.linalg.norm(x)
```

输出：

```
8.831760866327848
```

第 5 行代码为默认参数 ord=None、axis=None、keepdims=False，不保留矩阵二维特性。结果为二范数结果 8.831760866327848。

11.4.2 求逆矩阵

```
1.    import numpy as np
2.    a = np.mat("0 1 2;1 0 3;4 -3 8")
3.    a
```

输出：

```
matrix([[ 0,  1,  2],
        [ 1,  0,  3],
        [ 4, -3,  8]])
```

第 2 行代码通过 np.mat 定义了一个 3 阶方阵。这里的 mat 函数可以用来构造一个矩阵，传进去一个专用字符串，矩阵的行与行之间用分号隔开，行内的元素用空格隔开。

```
4.    a_inv=np.linalg.inv(a)
5.    a_inv
```

输出：

```
matrix([[-4.5,  7. , -1.5],
        [-2. ,  4. , -1. ],
        [ 1.5, -2. ,  0.5]])
```

Python 下 NumPy 求解逆矩阵非常简单，只需要使用 np.linalg.inv()函数即可，如第 4 行代码所示。下面我们依据矩阵与逆矩阵之间的关系来验证以下求解的过程是否正确。

```
6.    a*a_inv
```

输出：

```
matrix([[1., 0., 0.],
        [0., 1., 0.],
        [0., 0., 1.]])
```

检查原矩阵和求得的逆矩阵相乘的结果是否为单位矩阵，通过第 16 行代码可见，结果为单位矩阵，表明矩阵的逆求解有效。

小贴士：满足求解逆矩阵的条件

求解的矩阵必须是方阵且可逆，否则会抛出 LinAlgError 异常。

11.4.3 求方程组的精确解

求解线性方程组 $\begin{cases} 3x + y = 9 \\ x + 2y = 8 \end{cases}$。

在求方程组的解时，首先我们需要将 x 与 y 前面的系数矩阵构造出来，接下来通过 np.linalg.solve 求解，具体过程如下所示。

```
1.    import numpy as np
2.    a = np.array([[3,1], [1,2]])
3.    b = np.array([9,8])
4.    x = np.linalg.solve(a, b)
5.    x
```

输出：

```
array([2., 3.])
```

第 1 行代码通过 NumPy 来构建 x 与 y 前面的系数矩阵，并定义为 a。接下来将方程右侧的数据项构成的向量数值定义为 b，通过 np.linalg.solve 来求解，结果为 array([2., 3.])，即得到方

程的解 $x = 2$, $y = 3$。下面我们根据矩阵运算规则来验证求解是否正确。

```
6.    np.dot(a , x)
```

输出：

```
[ 9.  8.]
```

通过第 6 行代码将 a 与 x 做乘积，最终结果与原方程组的结果一致，求解成功。

11.4.4　计算矩阵行列式

首先来了解一下行列式，二维数组[[a, b], [c, d]]的行列式是 $ad - bc$，比如建立一个矩阵 a=np.array([[1, 2], [3, 4]])，那么它的行列式是 $1 \times 4 - 2 \times 3 = -2$。

下面我们通过 NumPy 求解上面的矩阵，看看是否与直接计算的结果相同。

```
1.    a = np.array([[1, 2], [3, 4]])
2.    np.linalg.det(a)
```

输出：

```
-2.0
```

通过第 2 行 np.linalg.det(a)来求 a 的行列式，结果与公式计算相同。计算多维数组的方式与二维数组相同，只是矩阵的维度扩大了。行列式比较复杂且计算量较大，所以用此函数计算是非常高效的。

11.4.5　求解特征值与特征向量

特征值（eigenvalue）即方程 $Ax = ax$ 的根，是一个标量。其中，A 是一个二维矩阵，x 是一个一维向量。特征向量（eigenvector）是关于特征值的向量。

在 numpy.linalg 模块中，eigvals 函数可以计算矩阵的特征值，而 eig 函数可以返回一个包含特征值和对应的特征向量的元组。

下面我们通过实际案例来了解特征值与特征向量的求解过程。

```
1.    C = np.mat("3 -2;1 0")
2.    C
```

输出：

```
matrix([[ 3, -2],
        [ 1,  0]])
```

第 1 行代码是构建一个矩阵，结果如上所示。

```
3.    c0 = np.linalg.eigvals(C)
4.    c0
```

输出：

```
    array([2., 1.])
```

第 2 行代码是通过调用 eigvals 函数求解特征值，最终结果为 array([2., 1.])。可以看出，在 Python 下使用 1 行代码即可实现对特征值的求解，十分方便。

```
5.    c1,c2 = np.linalg.eig(C)
6.    c1,c1
```

输出：

```
    (array([2., 1.]),
    matrix([[0.89442719, 0.70710678],
            [0.4472136 , 0.70710678]]))
```

第 5 行代码是使用 eig 函数求解特征值和特征向量（函数返回一个元组，按列排放特征值和对应的特征向量，第 1 列为特征值，第 2 列为特征向量）。

11.4.6 奇异值分解

奇异值分解（Singular Value Decomposition，SVD）是一种因子分解运算，将一个矩阵分解为 3 个矩阵的乘积。

numpy.linalg 模块中的 SVD 函数可以对矩阵进行奇异值分解。该函数返回 3 个矩阵——*U*、*Sigma* 和 *V*，其中 *U* 和 *V* 是正交矩阵，Sigma 包含输入矩阵的奇异值。下面通过案例来了解一下。

```
1.    D=np.mat("4 11 14;8 7 -2")
2.    U,Sigma,V = np.linalg.svd(D,full_matrices=False)
3.    print("U:{}\nSigma:{}\nV:{}".format(U,Sigma,V))
```

输出：

```
    U:[[-0.9486833  -0.31622777]
       [-0.31622777  0.9486833 ]]
    Sigma:[18.97366596  9.48683298]
    V:[[-0.33333333 -0.66666667 -0.66666667]
       [ 0.66666667  0.33333333 -0.66666667]]
```

第 1 行代码是创建一个矩阵，第 2 行代码是使用 SVD 函数分解矩阵，结果包含等式中左右两端的两个正交矩阵 **U** 和 **V**，以及中间的奇异值矩阵 **Sigma**。下面来验证 SVD 分解。

```
4.   U * np.diag(Sigma) * V
```

输出：

```
matrix([[ 4., 11., 14.],
        [ 8.,  7., -2.]])
```

将第 4 行代码的结果与原矩阵进行对比，来验证结果的有效性。经验证，结果有效。

11.4.7　QR 分解

QR 分解也是矩阵分解的一种常用方法，如果实（复）非奇异矩阵 **A** 能够化成正（酉）矩阵 **Q** 与实（复）非奇异上三角矩阵 **R** 的乘积，即 A = QR，则称其为 A 的 QR 分解。

QR（正交三角）分解法是目前求一般矩阵全部特征值的最有效并广泛应用的方法。一般矩阵先经过正交相似变换成为 Hessenberg 矩阵，然后应用 QR 方法求特征值和特征向量。它是将矩阵分解成一个正规正交矩阵 **Q** 与上三角形矩阵 **R**，所以称为 QR 分解法。本书重在入门，QR 分解理论部分相对复杂，因此不对其进行详细介绍，有兴趣的读者可以自行学习。

11.4.8　线性方程组的最小二乘解

二元一次回归函数 $y = mx + c$，通过最小二乘法求解参数 m 和 c，分别表示最小二乘法回归曲线（此处为直线）的斜率和截距。在 NumPy 下的函数形式为 numpy.linalg.lstsq(array_A, array_B)[0]。其中 array_A 是一个 n×2 的数组，array_B 是一个 1×n 的数组。

下面我们来展现线性函数应用：分析个人年龄与每个人最大心率之间的线性关系，构建函数 $y = mx + c$，其中 x 为个人年龄，y 为最大的心率。

```
1.   #数据输入
2.   x_d = [18,23,25,35,65,54,34,56,72,19,23,42,18,39,37]   #个人年龄
3.   y_d = [202,186,187,180,156,169,174,172,153,199,193,174,198,183,178]   #个人的
最大心率
4.   n=len(x_d)
```

```
5.      #计算
6.      import numpy.linalg
7.      B=numpy.array(y_d)
8.      A=numpy.array(([[x_d[j], 1] for j in range(n)]))
9.      X=numpy.linalg.lstsq(A,B)[0]
10.     a=X[0]; b=X[1]
11.     print ("Line is: y=",a,"x+",b)
12.     #绘图
13.     import matplotlib.pyplot as plt
14.     plt.plot(np.array(x_d), B,  'ro', label='Original data', markersize=10)
15.     plt.plot(np.array(x_d), a*np.array(x_d) + b,  label='Fitted line')
16.     plt.legend()
17.     plt.xlabel('x')
18.     plt.ylabel('y')
19.     plt.show()
```

输出：

```
Line is: y= -0.797726564933 x+ 210.048458424
```

结果如图 11-5 所示。

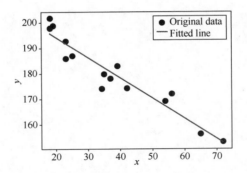

图11-5　最小二乘法求解运行结果图

第 1～4 行代码是对数值进行定义，分别定义 x 与 y 的对应数值。第 5～11 行代码是求解过程，求解的是一元线性回归方程，最终的输出结果为 y= −0.797726564933 x+ 210.048458424。第 12～19 行代码是绘图部分，将直线与分布的散点图绘制出来，从图 11-5 中可以看出，模型拟合效果较好。

11.5　本章练习

1．简答题

请列举出 3 种以上 NumPy 中的 ndarray 对象属性，并说明属性的含义。

2．选择题

下列函数中，（　　）是 NumPy 库中可以生成 n 维单位方阵的函数。

A．np.ones()　　　　　B．np.identity()　　　　　C．np.zeros()

3．上机题

基于所学知识，求解方程组 $\begin{cases} 30x + 15y = 675 \\ 12x + 5y = 265 \end{cases}$。

第**12**章

科学计算库——SciPy

SciPy 是一个为科学家和工程师开发的 Python 程序库，具有科学计算相关的功能，如最优化方法、线性代数、积分、插值方法、图像处理、快速傅里叶变换、信号处理以及一些特殊函数。它可以求解常微分方程以及其他科学与工程问题。SciPy 库依赖于 NumPy，提供了便捷且快速的 *n* 维数组操作。

查看 SciPy 版本的方法如下：

```
1.    import scipy
2.    scipy.__version__
```

输出：

```
1.0.0
```

12.1　SciPy 简介

SciPy 包括了统计、优化以及线性代数模块、傅里叶变换、信号和图像处理，常微分方程的求解等，在数值计算方面强大到足以支持世界顶尖科学家和工程师的计算需要。

SciPy 被组织为各类子包，覆盖不同领域的科学计算，见表 12-1。

表 12-1　SciPy API

模块	功能
scipy.constants	物理和数学常数
scipy.fftpack	离散傅里叶变换
scipy.integrate	积分、常微分方程
scipy.interpolate	插值

模块	功能
scipy.io	I/O操作
scipy.linalg	线性代数
scipy.ndimage	n维图像包
scipy.optimize	优化
scipy.sparse	稀疏矩阵
scipy.spatial	空间算法和数据结构
scipy.special	特殊的数学函数
scipy.stats	统计

12.2　SciPy 应用

SciPy 库在 NumPy 库的基础上增加了众多的数学、科学以及工程计算中常用的库函数。作为入门介绍，这里选择众多应用的一部分，以展现其强大的功能。

1．积分运算

积分学不仅推动了数学的发展，它在天文学、力学、物理学、化学、生物学、工程学、经济学等自然科学、社会科学及应用科学各个分支的发展中，也起到了极大的推动作用。特别是随着计算机的出现，积分学更有助于上述应用的不断发展。scipy.integration 提供多种积分模块，主要分为两类：一类是对给出的函数对象积分，见表 12-2；另一类是对于给定固定样本的函数积分[①]，一般关注数值积分函数 trapz 以及 cumtrapz 函数。trapz 使用复合梯形规则沿给定轴线求积分，cumtrapz 使用复合梯形公式累计计算积分。

表 12-2　积分函数(给出的函数对象)

积分函数	功能
quad(func, a, b[, args, full_output, …])	计算定积分
dblquad(func, a, b, gfun, hfun[, args, …])	计算二重积分
tplquad(func, a, b, gfun, hfun, qfun, rfun)	计算三重积分
nquad(func, ranges[, args, opts, full_output])	多变量积分

---

① 根据有限个点处的函数值，利用函数计算积分值。简单地讲，就是把连续的先行离散化，之后利用在有限个离散点处的函数值或者样本，可以近似计算在区间上的积分值，即把连续的问题先离散化。

这里以 scipy.integrate.trapz(y, x=None, dx=1.0, axis=-1)进行说明：x 是区间上的节点，y 是对应的函数值，dx 是节点间距离，axis 用来指定积分变量。x 和 dx 默认值表示节点均匀地以 1 为间隔分布在区间上。

下面来求解定积分 $I(a,b) = \int_0^1 (ax^2 + b)\mathrm{d}x$，选用 quad 来进行计算评估。首先通过函数构建被积函数 I 公式。

```
1.    from scipy.integrate import quad
2.    def integrand(x,a,b):
3.        return a*x**2 +b
```

接下来通过赋予 a=2,b=1 来计算此积分公式。

```
4.    a=2
5.    b=1
6.    I=quad(integrand,0,1,args=(a,b))
7.    I
```

输出：

```
(1.6666666666666667, 1.8503717077085944e-14)
```

结果是一个元组，函数返回两个值，其中第一个数值是积分值四舍五入后约为 1.67，第二个数值是积分值绝对误差的估计值，从结果可以看出效果较好。

2．矩阵行列式

现有矩阵 A，求 A 的行列式，那么数学上按照第一行展开计算如下。

$$A = \begin{bmatrix} 1 & 3 & 5 \\ 2 & 5 & 1 \\ 2 & 3 & 8 \end{bmatrix}$$

$$|A| = 1\begin{vmatrix} 5 & 1 \\ 3 & 8 \end{vmatrix} - 3\begin{vmatrix} 2 & 1 \\ 2 & 8 \end{vmatrix} + 5\begin{vmatrix} 2 & 5 \\ 2 & 3 \end{vmatrix}$$
$$= 1\times(5\times8 - 3\times1) - 3\times(2\times8 - 2\times1) + 5\times(2\times3 - 2\times5) = -25$$

要计算矩阵的行列式，首先要通过 NumPy 来构建矩阵数组。

```
1.    import numpy as np
2.    from scipy import linalg
3.    A = np.array([[1,3,5],[2,5,1],[2,3,8]])
4.    A
```

输出：

```
array([[1, 3, 5],
       [2, 5, 1],
       [2, 3, 8]])
```

接下来通过 linalg.det()函数进行求解。

```
5.    linalg.det(A)
```

输出：

```
-25.000
```

从输出结果可以看出，通过 Python 构建矩阵，并基于 linalg.det(*A*)计算行列式与通过数学按第一行展开计算结果相同。

3．逆矩阵

现有矩阵 *A*，求 *A* 的行列式，按照矩阵的求逆运算计算过程如下。

$$A = \begin{bmatrix} 1 & 3 & 5 \\ 2 & 5 & 1 \\ 2 & 3 & 8 \end{bmatrix}$$

$$A^{-1} = \frac{1}{25} \begin{bmatrix} -37 & 9 & 22 \\ 14 & 2 & -9 \\ 4 & -3 & 1 \end{bmatrix} = \begin{bmatrix} -1.48 & 0.36 & 0.88 \\ 0.56 & 0.08 & -0.36 \\ 0.16 & -0.12 & 0.04 \end{bmatrix}$$

首先构建矩阵。

```
1.    import numpy as np
2.    from scipy import linalg
3.    A = np.array([[1,3,5],[2,5,1],[2,3,8]])
4.    A
```

输出：

```
array([[1, 3, 5],
       [2, 5, 1],
       [2, 3, 8]])
```

接下来通过 linalg.inv()函数进行求解。

```
5.    linalg.inv(A)
```

输出：

```
array([[-1.48,  0.36,  0.88],
       [ 0.56,  0.08, -0.36],
       [ 0.16, -0.12,  0.04]])
```

通过 A.dot 可以实现两个矩阵的乘法运算，这里 AA^{-1} 将得到一个对角线为 1 的单位矩阵。

```
6.    A.dot(linalg.inv(A))
```

输出：

```
array([[  1.00000000e+00,  -1.11022302e-16,  -5.55111512e-17],
       [  3.05311332e-16,   1.00000000e+00,   1.87350135e-16],
       [  2.22044605e-16,  -1.11022302e-16,   1.00000000e+00]])
```

4. 求解方程组

用 SciPy 下的函数 linalg.solve()解线性方程组很简单。此方法需要输入矩阵和右侧向量，然后计算解向量。现有方程组如下：

$$\begin{cases} x+3y+5z=10 \\ 2x+5y+z=8 \\ 2x+3y+8z=3 \end{cases}$$

那么在数据求解过程中，可以使用系数矩阵的逆矩阵和右侧向量找到解向量。

$$\begin{bmatrix} x \\ y \\ z \end{bmatrix} = \begin{bmatrix} 1 & 3 & 5 \\ 2 & 5 & 1 \\ 2 & 3 & 8 \end{bmatrix}^{-1} \begin{bmatrix} 10 \\ 8 \\ 3 \end{bmatrix} = \frac{1}{25} \begin{bmatrix} -232 \\ 129 \\ 19 \end{bmatrix} = \begin{bmatrix} -9.28 \\ 5.16 \\ 0.76 \end{bmatrix}$$

使用 Python 下的函数 linalg.solve()实现线性方程组的求解过程就会变得非常简单。首先将两个数组构建出来，分别定义为 A 与 b，其中 A 表示的是由方程组左侧的系数构成的系数矩阵，b 是方程组右侧的数据项构成的向量。之后使用 linalg.solve(A,b)求解即可。

```
7.    import numpy as np
8.    from scipy import linalg
9.    A = np.array([[1,3,5],[2,5,1],[2,3,8]])
10.   b = np.array([[10],[8],[3]])
11.   linalg.solve(A,b)
```

输出：

```
array([[-9.28],
       [ 5.16],
       [ 0.76]])
```

这里仅仅用了一行代码就求出了方程组的解，找到了对应 x、y、z 的值。可以看出，相比传统的计算机语言，Python 在科学计算方面具有强大的优势。

5．最小二乘拟合

假设有一组实验数据(x_i, y_i)，已知它们之间的函数关系为$y = f(x)$，通过这些信息，需要确定函数中的一些参数项。例如，如果 f 是一个线性函数 $f(x) = kx + b$，那么参数 k 和 b 就是需要确定的值。如果将这些参数用 p 表示，那么就要找到一组 p 值，使得如下公式中的 S 函数最小：

$$S(p) = \sum_{i=1}^{m} [y_i - f(x_i, p)]^2$$

这种算法被称为最小二乘拟合（Least Square Fitting）。

SciPy 子函数库 optimize 已经提供了实现最小二乘拟合算法的函数 leastsq。下面的例子使用 leastsq，实现最小二乘拟合。

定义数据拟合所用的函数：$A*sin(2*pi*k *x+theta)$。

```
1.    import numpy as np
2.    from scipy import linalg
3.    def func(x, p):
4.        A, k, theta = p
5.        return A*np.sin(2*np.pi*k*x+theta)
```

下面代码是定义计算误差函数，计算试验数据 x、y 和拟合函数之间的差，参数 p 为拟合需要找到的系数，同时添加噪声数据。

```
6.    def residuals(p, y, x):
7.        return y - func(x, p)
8.    x = np.linspace(0, -2*np.pi, 100)
9.    A, k, theta = 10, 0.34, np.pi/6          #真实数据的函数参数
10.   y0 = func(x, [A, k, theta])              #真实数据
11.   y1 = y0 + 2 * np.random.randn(len(x))    #加入噪声之后的实验数据
12.   p0 = [7, 0.2, 0]                         #第一次猜测的函数拟合参数
```

调用 leastsq 拟合，residuals 为计算误差函数，p0 为拟合参数初始值，args 为需要拟合的实验数据。

```
13.   plsq = leastsq(residuals, p0, args=(y1, x))
14.   print ("真实参数:", [A, k, theta])
15.   print ("拟合参数", plsq[0])
```

输出：

真实参数：[10, 0.34, 0.5235987755982988]

拟合参数 [10.03138142 0.34128054 -5.70587811]

从结果可以看出，最小二乘拟合的结果与真实值之间的误差在可控范围之内，模型具有较好的效果。下面通过绘制图像来观察数据拟合效果，如图 12-1 所示。

```
16.    import matplotlib.pyplot as plt
17.    import pylab as pl
18.    plt.rcParams['font.sans-serif']=['SimHei']        #用来正常显示中文标签
19.    plt.rcParams['axes.unicode_minus']=False          #用来正常显示负号
20.    pl.plot(x, y0, marker='+',label=u"真实数据")
21.    pl.plot(x, y1, marker='^',label=u"带噪声的实验数据")
22.    pl.plot(x, func(x, plsq[0]), label=u"拟合数据")
23.    pl.legend()
24.    pl.show()
```

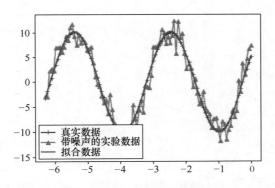

图12-1　Scipy最小二乘拟合

从图 12-1 可以看出图像的拟合效果非常好，拟合数据与真实数据之间误差极小，没有过大的偏离。

6. 图像处理案例

图像识别，是计算机对图像进行处理、分析和理解，以识别各种模式的目标和对象的技术。识别过程包括图像预处理、图像分割、特征提取和判断匹配。借助图像识别技术，不仅可以通过图片搜索更快地获取信息，还可以产生一种新的与外部世界交互的方式，甚至会让外部世界更加智能地运行。

SciPy 可对图像实现基本操作，如裁剪、翻转、旋转、图像滤镜等。通过把图像处理成

113

数组，之后使用 NumPy 进行数组处理，结果如图 12-2 所示。

0	1	2
3	4	5
6	7	8

图12-2　图像处理原理

使用 SciPy 进行图像处理，首先通过 misc.ascent()方法获取图片并赋给变量 face，之后以数组的形式进行处理。

```
1.    from scipy import misc
2.    face = misc.ascent()
3.    face = face[:512, -512:]    #对数组进行截取
4.    face
```

输出：

```
array([[ 83,  83,  83, ..., 117, 117, 117],
       [ 82,  82,  83, ..., 117, 117, 117],
       [ 80,  81,  83, ..., 117, 117, 117],
       ...,
       [178, 178, 178, ...,  57,  59,  57],
       [178, 178, 178, ...,  56,  57,  57],
       [178, 178, 178, ...,  57,  57,  58]])
```

得到一个数组，数组的维度为(512, 512)，查看方式是 face.shape。接下来通过 NumPy 构建噪声数据（noisy_face）。

```
5.    import numpy as np
6.    noisy_face = np.copy(face).astype(np.float)
7.    noisy_face += face.std() * 0.5 * np.random.standard_normal(face.shape)
```

基于第 5～7 行代码构建的噪声数据，采用 SciPy 进行滤波处理，这里分别采用高斯滤波、中值滤波以及维纳滤波。

```
8.    from scipy import ndimage
9.    blurred_face = ndimage.gaussian_filter(noisy_face, sigma=5)      #高斯滤波
10.   median_face = ndimage.median_filter(noisy_face, size=5)         #中值滤波
11.   from scipy import signal
12.   wiener_face = signal.wiener(noisy_face, (5, 5))                 #维纳滤波
```

上面示例中构建了 3 种滤波的数据，接下来通过 Matplotlib 绘制图像。Matplotlib 模块是 Python 下功能全面的绘图模块，我们将在第 14 章对其进行重点介绍。

```
13.    import matplotlib.pyplot as plt
14.    plt.figure(figsize=(12, 3.5))
15.    plt.subplot(141)
16.    plt.imshow(noisy_face, cmap=plt.cm.gray)
17.    plt.axis('off')
18.    plt.title('noisy')
19.
20.    plt.subplot(142)
21.    plt.imshow(blurred_face, cmap=plt.cm.gray)
22.    plt.axis('off')
23.    plt.title('Gaussian filter')
24.
25.    plt.subplot(143)
26.    plt.imshow(median_face, cmap=plt.cm.gray)
27.    plt.axis('off')
28.    plt.title('median filter')
29.
30.    plt.subplot(144)
31.    plt.imshow(wiener_face, cmap=plt.cm.gray)
32.    plt.title('Wiener filter')
33.    plt.axis('off')
34.    plt.subplots_adjust(wspace=.05, left=.01, bottom=.01, right=.99, top=.99)
35.    plt.show()
```

通过 SciPy 对图片进行处理，将图片以像素点的形式构成数组（矩阵），之后利用数组的切割进行处理，接着采用 NumPy 进行添加噪声，最终绘制 3 种滤波的图像，如图 12-3 所示。

图像噪声（noisy）　　　　高斯滤波（gaussian filter）　　　　中值滤波（median filter）　　　　维纳滤波（wiener filter）

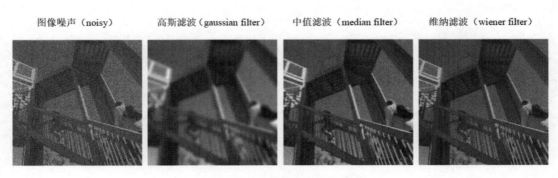

图12-3　SciPy图像处理案例图

115

12.3　本章练习

1．简答题

请简述在 SciPy 库中，scipy.integrate 求积分的方法有哪些，以及各种方法之间的区别。

2．选择题

下列函数中，（　　）是 SciPy 库中求矩阵行列式的函数。

A．linalg.det()　　　　B．linalg.inv()　　　　C．linalg.solve()

3．上机题

基于所学知识，当 a=1、b=3 时，求解 $I(a,b) = \int_0^1 (ax^2 + b)\mathrm{d}x$ 的值。

第 **13** 章

数据分析库——Pandas

Pandas 是一款基于 NumPy，为了解决数据分析任务而创建的工具。Pandas 纳入了大量的库和一些标准的数据模型，帮助使用者高效地操作大型数据集，并快速便捷地处理数据。因为有 Pandas，Python 成为了强大而高效的数据分析环境。

查看 Pandas 版本的方式如下。

```
1.    import pandas as pd
2.    pd.__version__
```

输出：

```
0.22.0
```

13.1 Pandas 中的数据结构

13.1.1 数据结构

Pandas 是基于 NumPy 构建的含有高级数据结构和工具的数据分析包，几乎所有基于 Python 的数据分析过程都会使用 Pandas。Pandas 提供快速、灵活和富有表现力的数据结构，旨在使"关系"或"标记"数据的使用既简单又直观。

Pandas 中的数据结构目前有 3 个，分别为 Series、DataFrame 以及 Panel，见表 13-1。本书主要围绕着 Series 和 DataFrame 两个核心数据结构展开。

表 13-1　Pandas 数据结构

数据结构	维度	轴标签
Series	一维	index（唯一的轴）
DataFrame	二维	index（行）和 columns（列）
Panel	三维	Items、major_axis 和 minor_axis

13.1.2　Series

Series 是 Pandas 中最基本的对象，它定义了 NumPy 的 ndarry 对象的接口__arrat__()，因此可以利用 NumPy 的数组处理函数直接处理 Series 对象。Series 是由相同元素类型构成的一维数据结构，同时具有列表和字典的属性（字典的属性由索引赋予）。

Series 的基本创建方式为：

```
pd.Series(data=None, index=None)
```

参数如下。

❑　data：传入数据，可以传入多种类型。

❑　index：索引，在不指定 index 的情况下，默认数值索引 range(0,len(data))。

data 可以是一个基于 NumPy 的 ndarray、一个 Python 字典，或者一个固定的标量数值。

1．data 为 ndarray

如果 data 是 ndarray，则索引的长度必须与数据的长度相同。

```
1.    import numpy as np
2.    import pandas as pd
3.    s1 = pd.Series(np.random.randint(0,5,5), index=['a', 'b', 'c', 'd', 'e'])
4.    s1
```

输出：

```
a    1
b    2
c    0
d    4
e    1
dtype: int32
```

第 1 行和第 2 行代码为导入所需的 NumPy 与 Pandas 模块，同时通过 numpy.random.randint(0, 5, 5)生成了[0,5）之间的 5 个随机整数，用于构造 Series 数据结果。

如果没有传递索引，将创建一个具有值的索引：[0, ..., len(data) - 1]。

```
5.    s2= pd.Series(np.random.randint(0,5,5))
6.    s2
```

输出：

```
0    1
1    4
2    1
3    3
4    1
dtype: int32
```

2. data 为 dict

传入 dict，在不指定 index 的情况下，以 key-value 形式构建 Series 数据结构。

```
7.    d ={'b' : 1, 'a' : 0, 'c' : 2}
8.    pd.Series(d)
```

输出：

```
b    1
a    0
c    2
dtype: int64
```

在上面的示例中，如果使用的 Python 版本低于 3.6 或 Pandas 版本低于 0.23，Series 将按字典键的词法顺序进行排序，即 ['a', 'b', 'c']，而不是['b', 'a', 'c']。

小贴士：Python 版本与 Pandas 版本

注意：当数据是 dict，并且未传递 Series 索引时，如果使用的 Python 版本高于（含）3.6 且 Pandas 版本高于（含）0.23，则索引将按 dict 的插入顺序排序。

如果使用的 Python 低于 3.6 或 Pandas 版本低于 0.23，并且未传递 Series 索引，则索引将是词汇顺序的 dict 键列表。

如果传递索引，则选择索引中与字典中 key 值相对应的 value 进行传递。如果某个索引值不在字典中，则使用 NaN 进行填补。如下面示例中的 d 索引所示。

```
9.    d = {'a' : 0., 'b' : 1., 'c' : 2.}
10.   pd.Series(d, index=['b', 'c', 'd', 'a'])
```

输出：

```
b    1.0
c    2.0
d    NaN
```

```
a    0.0
dtype: float64
```

注意：NaN 不是数字，而是 Pandas 中使用的标准缺失数据标记。

3．data 为标量

标量（scalar），也就是一个单独的字符串（string）或数字（numbers），比如数字 5。

```
11.    pd.Series(5., index=['a', 'b', 'c', 'd', 'e'])
```

输出：

```
a    5.0
b    5.0
c    5.0
d    5.0
e    5.0
dtype: float64
```

如果 data 是标量值，则必须提供索引，如上所示，将重复标量值 5 以匹配索引的长度。

13.1.3　DataFrame

DataFrame 是一个二维标记表格型的数据结构，它含有一组有序的列，每列可以是不同的值类型（数值、字符串、布尔值等）。DataFrame 既有行索引，也有列索引，它可以被看作由 Series 组成的字典（共用同一个索引），你可以将其视为 Excel 或 SQL 表。DataFrame 通常是最常用的 Pandas 对象。与 Series 类似，DataFrame 接受许多不同类型数据的输入。

DataFrame 的基本创建方式为：

```
pd. DataFrame(data, index,columns)
```

参数如下。

❑　data：传入数据，可以传入多种类型[①]。

❑　index：行索引，不指定自动用数值索引填充。

❑　columns：列索引，不指定自动用数值索引填充。

data 除了支持 Series 支持的类型外，还可以是二维 numpy.ndarray、Series 或者另一个

---

① data 的参数可以是二维数组或者能转化为二维数组的嵌套列表，或者是字典。字典中的每个键-值对将成为 Dataframe 对象的列。值可以是一维数组、列表或 Series 对象。

DataFrame 等。

下面通过一个包含 dict 的列表来构建 DataFrame，注意观察 index 与 columns 的重要作用。

```
1.    data = [{'a': 1, 'b': 2}, {'a': 5, 'b': 10, 'c': 20}]
2.    df=pd.DataFrame(data)
3.    df
```

输出：

```
     a    b    c
0    1    2    NaN
1    5    10   20.0
```

第 1 行代码定义了一个列表，列表中包含了两个 dict。第一个 dict 比第二个 dict 少了一个键值 c。从上面的示例结果可以看出，第 2 行的 c 列是 NaN。

```
4.    pd.DataFrame(data, index=['first', 'second'])
```

输出：

```
          a    b    c
first     1    2    NaN
second    5    10   20.0
```

```
5.    pd.DataFrame(data, columns=['a', 'b'])
```

输出：

```
     a    b
0    1    2
1    5    10
```

```
6.    pd.DataFrame(data, index=['first'])
```

运行报错：

```
ValueError: Shape of passed values is (3, 2), indices imply (3, 1)
```

第 4 行代码设置了 index=['first','second']，将索引由默认的自动生成的行索引数值索引 0 和 1 指定为'first'和'second'。第 5 行代码通过设置 columns=['a', 'b']，将所选的列标签指定为 a 和 b。值得注意的是，在赋值给列的过程中，index 长度必须跟 DataFrame 的长度相匹配，否则会报 ValueError，如第 6 行代码所示。

13.2　数据的选取

对 DataFrame 数据进行选择，要从 3 个层次考虑：行列、区域、单元格。

1. 使用[]选取

使用[]，返回的是一维数组，行维度。输入要求是整数切片、标签切片、<布尔数组>，具体规则见表 13-2。

表 13-2　使用[]选取行列规则

df[] 使用[]形式	
一维	
选取行	选取列
整数切片、标签切片、<布尔数组>	标签索引、标签列表、标签相关的Callable
❏　整数，例如5 ❏　整数列表或数组[4，3，0] ❏　int 1:7的slice对象 ❏　单个标签，例如5或'a'（注意，5被解释为索引的标签，这种使用不是沿着索引的整数位置） ❏　标签的列表或数组['a', 'b', 'c'] ❏　具有标签'a':'f'的切片对象（请注意，与通常的Python切片不同，包含起始'a'与结束'f'） ❏　一个布尔数组	❏　单个标签，例如5或'a'（注意，5被解释为索引的标签，这种使用不是沿着索引的整数位置） ❏　标签的列表或数组['a', 'b', 'c'] ❏　具有标签'a':'f'的切片对象（注意，与通常的Python切片不同，包含起始'a'与结束'f'） ❏　一个布尔数组 ❏　具有一个参数（调用Series，DataFrame或Panel）的callable函数，并返回有效的索引输出（上述之一）
df[:3] df['a':'c'] df[[True,True,True,False,False,False]] # 前3行（布尔数组长度等于行数） df[df['A']>0] #A列值大于0的行 df[(df['A']>0) | (df['B']>0)] #A列值大于0，或者B列值大于0的行 df[(df['A']>0) & (df['C']>0)] #A列值大于0，并且C列值大于0的行	df['A'] #返回的是Series，与df.A效果相同 df[["A"]] #返回的是DataFrame df[['A','B']] df[lambda df: df.columns[0]] # Callable
总结：在使用[]选取数据时，只有当出现以columns标签相关的检索时进行列检索，其他情况均为对行的处理	

2．df.loc[]标签定位

df.loc[]标签定位，指定行和列的名称，具体操作见表13-3。

表13-3　df.loc[]规则

df.loc[] 标签定位	
二维，先行后列	
行维度	列维度
标签索引、标签切片、标签列表、<布尔数组>、Callable	标签索引、标签切片、标签列表、<布尔数组>、Callable
df.loc['a', :]	df.loc[:, 'A']
df.loc['a':'d', :]	df.loc[:, 'A':'C']
df.loc[['a','b','c'], :]	df.loc[:, ['A','B','C']]
df.loc[[True,True,True,False,False,False], :] # 前3行（布尔数组长度等于行数）	df.loc[:, [True,True,True,False]] # 前3列（布尔数组长度等于行数）
df.loc[df['A']>0, :]	df.loc[:, df.loc['a']>0] # a行大于0的列
df.loc[df.loc[:,'A']>0, :]	df.loc[:, df.iloc[0]>0] # 0行大于0的列
df.loc[df.iloc[:,0]>0, :]	df.loc[:, lambda _df: ['A', 'B']]
df.loc[lambda _df: _df.A > 0, :]	

总结：在使用[]选取数据时，只有当出现以columns标签相关的检索时进行列检索，其他情况均为对行的处理

注意：'A':'C'为选取行标签从A到C的行（与切片不同，这种情况下包含起始'A'，也包含结束'C'，是一个闭集合形式）。

3．df.iloc[]整型索引

df.iloc[]整型索引（又称为绝对位置索引），选取绝对意义上的几行几列，起始索引为0，具体操作见表13-4。

表13-4　df.iloc[]规则

df.iloc[] 整型索引	
二维，先行后列	
行维度	列维度
整数索引、整数切片、整数列表、<布尔数组>	整数索引、整数切片、整数列表、<布尔数组>、Callable
df.iloc[3, :]	df.iloc[:, 1]

续表

行维度	列维度
df.iloc[:3, :]	df.iloc[:, 0:3]
df.iloc[[0,2,4], :]	df.iloc[:, [0,1,2]]
df.iloc[[True,True,True,False,False,False], :] #前3行（布尔数组长度等于行数）	df.iloc[:, [True,True,True,False]] #前3列（布尔数组长度等于行数）
df.iloc[lambda _df: [0, 1], :]	df.iloc[:, lambda _df: [0, 1]]

总结：在使用[]选取数据时，只有当出现以columns标签相关的检索时为进行列检索，其他情况均为对行的处理

注意：iloc参数是一个slice对象，即[start, end, step]，slice对象和Python中可迭代对象的用法是一致的，包含起始，不包含结束。

4．df.ix[]选取

df.ix[]是 iloc 和 loc 的合体，具体操作见表 13-5。

表 13-5　df.ix[]规则

df.ix[]是iloc 和 loc的合体	
二维，先行后列	
行维度	列维度
整数索引、整数切片、整数列表、标签索引、标签切片、标签列表、<布尔数组>、Callable	整数索引、整数切片、整数列表、标签索引、标签切片、标签列表、<布尔数组>、Callable
df.ix[0, :]	df.ix[:, 0]
df.ix[0:3, :]	df.ix[:, 0:3]
df.ix[[0,1,2], :]	df.ix[:, [0,1,2]]
df.ix['a', :]	df.ix[:, 'A']
df.ix['a':'d', :]	df.ix[:, 'A':'C']
df.ix[['a','b','c'], :]	df.ix[:, ['A','B','C']]

总结：在使用[]选取数据时，只有当出现以columns标签相关的检索时进行列检索，其他情况均为对行的处理

5．df.at[]与 df.iat[]精确定位单元格

df.at[]与 df.iat[]精确定位单元格，具体操作见表 13-6。

表 13-6 df.at[]与 df.iat[]规则

df.at[]		df.iat[]	
行维度	列维度	行维度	列维度
标签索引		整数索引	
df.at['a', 'A']		df.iat[0, 0]	
总结：在使用[]选取数据时，只有当出现以columns标签相关的检索时进行列检索，其他情况均为对行的处理			

13.3　数据处理

　　无论是数据挖掘工程师、机器学习工程师，还是深度学习工程师，都非常了解真实数据的重要性，它决定着特征维度的选择规则。在数据准备阶段，数据的抽取、清洗、转换和集成常常占据了一半甚至更多的工作量。而在数据准备的过程中，数据质量差又是最常见且令人头痛的问题。本节针对缺失值和特殊值这种数据质量问题，推荐一些基于 Pandas 的处理方法。

```
1.    df = pd.DataFrame(np.random.randint(1,10,[5,3]), index=['a', 'c', 'e', 'f',
'h'],columns=['one', 'two', 'three'])
2.    df.loc["a","one"] = np.nan
3.    df.loc["c","two"] = -99
4.    df.loc["c","three"] = -99
5.    df.loc["a","two"] = -100
6.    df['four'] = 'bar'
7.    df['five'] = df['one'] > 0
8.    df = df.reindex(['a', 'b', 'c', 'd', 'e', 'f', 'g', 'h'])
9.    df
```

　　第 1 行代码构建了一个 Dataframe 数据结构，第 2～7 行是对数据中的元素进行修改，第 8 行是对数据重新定义索引。最终程序的运行结果见表 13-7 所示。

表 13-7　创建 DataFrame

	one	two	three	four	five
a	NaN	−100	9	bar	FALSE
b	NaN	NaN	NaN	NaN	NaN
c	1	−99	−99	bar	TRUE
d	NaN	NaN	NaN	NaN	NaN

续表

	one	two	three	four	five
e	6	2	4	bar	TRUE
f	7	1	3	bar	TRUE
g	NaN	NaN	NaN	NaN	NaN
h	3	4	5	bar	TRUE

13.3.1　缺失值删除

在数据分析的过程中，缺失值（NaN）又叫空值。不同的处理方式往往会在数据分析过程中得到不同的结果，尤其在数学建模中，个别模型是不能够针对缺失值进行处理的，此时，删除是一种比较直接的方法。

1．删除存在缺失值所在行

```
10.    df.dropna(axis=0)
```

第 10 行代码是删除存在缺失值所在行(axis=0)或列(axis=1)，默认为 axis=0，结果见表 13-8。

表 13-8　删除存在缺失值所在行

	one	two	three	four	five
c	1	−99	−99	bar	TRUE
e	6	2	4	bar	TRUE
f	7	1	3	bar	TRUE
h	3	4	5	bar	TRUE

2．删除全部缺失的行

```
11.    df.dropna(how='all')
```

第 11 行代码为选择一行中全部为 NaN 的，才丢弃该行，即通过 df.dropna(how='all')得到结果，具体见表 13-9。

表 13-9　删除全部为 NaN 的行

	one	two	three	four	five
a	Nan	−100	9	bar	FALSE
c	1	−99	−99	bar	TRUE

续表

	one	two	three	four	five
e	6	2	4	bar	TRUE
f	7	1	3	bar	TRUE
h	3	4	5	bar	TRUE

3．限制删除缺失值数量

我们也可以增加一些限制，设定在一行中有多少非空值的数据是可以保留下来的（在下面的示例中，行数据中至少要有 5 个非空值）。

12. `df.dropna(thresh=5)`

从表 13-10 中可以看出，针对原始的 df 来说，行中 a、b、d 被删除，a 行中是 4 个非空值，而 b、d 是 5 个非空值。

表 13-10　限定删除缺失值数量(thresh=5)

	one	two	three	four	five
c	1	−99	−99	bar	TRUE
e	6	2	4	bar	TRUE
f	7	1	3	bar	TRUE
h	3	4	5	bar	TRUE

4．删除指定列缺失的行

13. `df.dropna(subset=['five'])` #参数subset移除指定列为空的所在行数据

如表 13-11 所示，如果需要删除多列，则在 subset 中添加元素即可，比如 one 和 five 这两列，则执行 df.dropna (subset=['one', 'five']))。

表 13-11　删除指定列缺失的行(subset=['five'])

	one	two	three	four	five
a	NaN	−100	9	bar	FALSE
c	1	−99	−99	bar	TRUE
e	6	2	4	bar	TRUE
f	7	1	3	bar	TRUE
h	3	4	5	bar	TRUE

13.3.2　缺失值填充

在数学建模过程中，需要对数据进行处理，往往需要首先对缺失值进行填充，以满足数据分析的需求。常见的缺失值以 0、均值、众数等方法填充。

1．缺失值以 0 填充

14.　`df.fillna(0)`

在处理数据的过程中，不同列代表着不同的特征，每一列的填充数据，需要根据列的数据规律来添加。在下面的示例中，我们选择 3 列 one、two、five 进行缺失值填充。对于缺失值以 0 填充，最终结果见表 13-12。

表 13-12　缺失值以 0 填充

	one	two	three	four	five
a	0	−100	9	bar	FALSE
b	0	0	0	0	0
c	1	−99	−99	bar	TRUE
d	0	0	0	0	0
e	6	2	4	bar	TRUE
f	7	1	3	bar	TRUE
g	0	0	0	0	0
h	3	4	5	bar	TRUE

2．指定空列赋值

15.　`df.fillna({"one":0,"two":0.5,"five":10})`

第 15 行代码执行的是 df.fillna({"one":0,"two":0.5,"five":10})，选择 one、two、five 这 3 列进行缺失值填充，填充值分别为 0、0.5、10，最终结果见表 13-13。

表 13-13　指定空列赋值

	one	two	three	four	five
a	0	−100	9	bar	FALSE
b	0	0.5	NaN	NaN	10
c	1	−99	−99	bar	TRUE
d	0	0.5	NaN	NaN	10

续表

	one	two	three	four	five
e	6	2	4	bar	TRUE
f	7	1	3	bar	TRUE
g	0	0.5	NaN	NaN	10
h	3	4	5	bar	TRUE

3. 以列均值填充

在数据的填充过程中，如果缺失值不是很多，那么就需要在不影响原始数据分布规律的前提下进行填充，比如进行均值填充、众数填充、插值填充等。这里选择以列的均值进行填充，操作代码见第 16 行。

```
16.  df.fillna(df.mean()['one':'three'])
```

表 13-14 是使用 df.mean，针对列 one 与 three 两列进行填充。df.mean()是 Pandas 下的一种取均值方法。

表 13-14　以列均值填充

	one	two	three	four	five
a	4.3	−100	9	bar	FALSE
b	4.3	−38	−16	NaN	NaN
c	1	−99	−99	bar	TRUE
d	4.3	−38	−16	NaN	NaN
e	6	2	4	bar	TRUE
f	7	1	3	bar	TRUE
g	4.3	−38	−16	NaN	NaN
h	3	4	5	bar	TRUE

小贴士：缺失值填充覆盖

在使用 fillna 进行缺失值填充时，如果不指定 inplace=True 参数，并不会覆盖 Series/DataFrame 的原始内容，只有执行 df.fillna(travel.mean()['one':'three'], inplace=True)，才会对内容修改并覆盖原始的 Series/DataFrame。

4．其他填充方式见表 13-15

表 13-15　可用的填充方法

方法	说明
pad/ffill	向前填充值
bfill/backfill	向后填充值

这里选择以 method='ffill'进行向前填充，填充的规则为根据上一个值的具体数值进行填充。这种填充方法也是非常不错的填充手段，但值得注意的是，如果首行数据中的缺失值为 NaN，在同列下第 2 行代码为缺失，则填充会依据首行的 NaN 进行填充。所以在采用此方法的过程中，要首先观察首行数据，操作代码为第 17 行代码，结果见表 13-16。

```
17.   df.fillna(method='ffill')
```

表 13-16　向前填充

	one	two	three	four	five
a	NaN	−100	9	bar	FALSE
b	NaN	−100	9	bar	FALSE
c	1	−99	−99	bar	TRUE
d	1	−99	−99	bar	TRUE
e	6	2	4	bar	TRUE
f	7	1	3	bar	TRUE
g	7	1	3	bar	TRUE
h	3	4	5	bar	TRUE

> **小贴士：处理时间序列数据**
>
> 处理时间序列数据，通常使用 pad/ffill。由于采用的是向前填充，因此"最后已知值"在每个时间点都可用。fill()函数等效于 fillna(method='ffill')，bfill()等效于 fillna(method='bfill')可用的填充方法。

13.3.3　数据替换

在数据处理的过程中，往往需要替换数据的中值。Series / DataFrame 中的 replace 方法，提供了一种高效而灵活的方式来执行此类替换。

1．指定值替换

下面示例使用 99 替换–99，结果见表 13-17。

```
18.  df.replace(-99, 99)
```

表 13-17　使用 99 替换–99

	one	two	three	four	five
a	NaN	−100	9	bar	FALSE
b	NaN	NaN	NaN	NaN	NaN
c	1	99	99	bar	TRUE
d	NaN	NaN	NaN	NaN	NaN
e	6	2	4	bar	TRUE
f	7	1	3	bar	TRUE
g	NaN	NaN	NaN	NaN	NaN
h	3	4	5	bar	TRUE

2．指定列指定值替换，返回单独列

```
19.  df[["two"]].replace(-99, 99)
```

输出结果：

```
      two
a    -100.0
b     NaN
c     99.0
d     NaN
e     2.0
f     1.0
g     NaN
h     4.0
```

3．多值替换

单值的替换往往不能满足任务需求，我们需要选择多值进行替换，这里选择将–99 替换成 99，将–100 替换成 100，操作代码 20 行，结果见表 13-18。

```
20.  df.replace({-99:99, -100:100})    #映射替换
```

131

表 13-18　多值替换

	one	two	three	four	five
a	NaN	100	9	bar	False
b	NaN	NaN	NaN	NaN	NaN
c	1	99	99	bar	True
d	NaN	NaN	NaN	NaN	NaN
e	6	2	4	bar	True
f	7	1	3	bar	True
g	NaN	NaN	NaN	NaN	NaN
h	3	4	5	bar	True

第 20 行代码等价于 **df2.replace([-99,-100],[99,100])**，即使用值列表替换键值对形式。

13.3.4　标识、删除重复行

通常在数据预处理过程中，如果数据特征维度量比较大，那么可以丢弃一些弱特征。如果要在 DataFrame 中标识和删除重复行，有两种有效的方法：duplicated（标识）和 drop_duplicates（删除）。

❑　duplicated：返回布尔向量，其长度为行数，并指示行是否重复。

❑　drop_duplicates：删除重复的行。

在默认情况下,重复集的第一个观察到的行被认为是唯一的,但每个方法都有一个 keep 参数来指定要保留的目标。

❑　keep='first'（默认）：除了第一次出现之外，标记/删除重复项。

❑　keep='last'：标记/删除除了最后一次出现的副本。

❑　keep=False：标记/删除所有重复项。

1. duplicated

每行完全一样才算重复，返回布尔向量。如果重复，则返回 True；不重复，则返回 False，结果为 Series 类型。

```
21.    df.duplicated()
```

输出结果：

```
a    False
b    False
c    False
d     True
e    False
f    False
g     True
h    False
dtype: bool
```

从第 21 行代码输出的结果可以看出，d 和 g 在原始的 df 中是完全相同的，均为 NaN，故执行 df.duplicated()，返回 True。那么 b 行也同样为 NaN，为什么返回的却是 False？由于 duplicated 默认参数是 keep='first'，当不指定列时，默认跳过第一次具有重复项的行，故返回 False。

```
22.    df.duplicated('one',keep='first')
```

输出结果：

```
a    False
b     True
c    False
d     True
e    False
f    False
g     True
h    False
dtype: bool
```

第 22 行代码中是针对除 one 列第一次出现之外，之后出现均作标记，返回为 True。对比第 21 行代码输出结果中的 b 行标识，可以看出 df.duplicated('one',keep='first')发挥的作用。

2. drop_duplicates

drop_duplicates 是针对重复行的数据进行删除操作，删除后返回 DataFrame 数据结果见表 13-19。

```
23.    df.drop_duplicates('one', keep='last')
```

表 13-19   drop_duplicates 删除('one', keep='last')

	one	two	three	four	five
c	1	−99	−99	bar	TRUE
e	6	2	4	bar	TRUE

	one	two	three	four	five
f	7	1	3	bar	TRUE
g	NaN	NaN	NaN	NaN	NaN
h	3	4	5	bar	TRUE

第 23 行代码是将 keep 设置为 last，即针对 one 列删除除最后一次出现的重复项。

```
24.   df.drop_duplicates('one', keep=False)
```

针对 one 列，删除所有的重复项，最终结果见表 13-20。

表 13-20　删除所有重复项

	one	two	three	four	five
c	1	−99	−99	bar	TRUE
e	6	2	4	bar	TRUE
f	7	1	3	bar	TRUE
h	3	4	5	bar	TRUE

13.4　统计函数

在数学建模的过程中，很多算法是基于统计学的，那么常见的统计分析就变得尤为重要。通常在进行数据分析时，先通过四分位数来观察数据的分布，进而做出一些判断。表 13-21 列出了 Pandas 下常见的统计函数。

表 13-21　Pandas 下常见的统计函数

函数	描述
df.describe()	按各列返回基本统计量和分位数
df.count()	求非NA值的数量
df.max()	求最大值
df.min()	求最大值
df.sum(axis=0)	按各列求和
df.mean()	按各列求平均值
df.median()	求中位数

续表

函数	描述
df.var()	求方差
df.std()	求标准差
df.mad()	根据平均值计算平均绝对误差
df.cumsum()	求累计和
df.cov()	求协方差矩阵
df1.corrwith(df2)	求相关系数

13.5 文件读取

Pandas I/O 操作支持众多的数据文件类型。本地读取文件方式让其在数据分析上发挥作用，比如 pd.to_csv 写入 csv 文件类型文件。Pandas 具体 I/O 读写操作支持的全部类型见表 13-22，读取文件的常见形式见表 13-23。

表 13-22　Pandas 读取操作

格式类型	文件类型	读取方式	写入方式
text	csv	read_csv	to_csv
text	JSON	read_json	to_json
text	HTML	read_html	to_html
text	Local clipboard	read_clipboard	to_clipboard
binary	MS Excel	read_excel	to_excel
binary	HDF5 Format	read_hdf	to_hdf
binary	Feather Format	read_feather	to_feather
binary	Parquet Format	read_parquet	to_parquet
binary	Msgpack	read_msgpack	to_msgpack
binary	Stata	read_stata	to_stata
binary	SAS	read_sas	——
binary	Python Pickle Format	read_pickle	to_pickle
SQL	SQL	read_sql	to_sql
SQL	Google Big Query	read_gbq	to_gbq

表 13-23　Pandas 读取文件的常见形式

函数名	说明
read_csv()	从csv格式的文本文件读取数据
read_excel()	从Excel文件读取数据
HDFStore()	使用HDF5文件读写数据
read_sql()	从SQL数据库的查询结果载入数据
read_pickle()	读入pickle()序列化后的数据

　　读取文件操作在工程项目中尤为重要，只有熟练掌握其读取文件操作，才能灵活运用外部数据。后面数学建模库章节将讲解文件的读取操作，通过获取外部文件实现数据的获取并构建模型。

13.6　本章练习

1．简答题

请简述 Pandas 中的数据结构。

2．选择题

Pandas 下计算方差的统计函数是（　　）。

A．df.mean()　　　　B．df.cov()　　　　C．df.std()　　　　D．df.var()

3．上机题

基于所学知识，将 13.3 节中表 13-7 数据中的 NaN 值全部替换成 1，将表中所有负数用其绝对值替换。

第 **14** 章

绘图工具库——Matplotlib

科学计算可视化（Visualization in Scientfic Computing，ViSC），简称可视化，是计算机图形学的一个重要研究方向，也是图形科学的新领域。它将符号或数据转换为直观的几何图形，便于研究人员观察其模拟和计算过程。

查看 Matplotlib 版本的方式如下。

```
1.    import matplotlib
2.    matplotlib.__version__
```

输出：

```
    2.1.2
```

14.1 初识 Matplotlib

14.1.1 从 MATLAB 认识 Matplotlib

Matplotlib 提供了大量实现数据可视化功能的模块，并采用面向对象进行封装。Matplotlib 最早是为了研究癫痫病人的脑皮层电图相关的信号而研发的，因为其在函数的设计上参考了 MATLAB，所以叫作 Matplotlib。MATLAB 是数据绘图领域广泛使用的语言和工具，MATLAB 语言是面向过程的。通过函数的调用，MATLAB 可以轻松地利用一行命令来绘制直线，然后再用一系列的函数调整结果。在 Matplotlib.pyplot 模块中，有一套完全仿照 MATLAB 函数形式的绘图接口，这套函数接口可以让熟悉 MATLAB 的用户无障碍地使用 Matplotlib。

14.1.2 从 sin(x)认识 Matplotlib

在本节中，我们要绘制一个正弦函数图像。从默认设置开始，逐步丰富图形。

1. 初始绘制

第一步是构建余弦函数的数据。

```
1.    import numpy as np
2.    x = np.linspace(0, 2*np.pi,num=10)
3.    y = np.sin(x)
4.    x,y
```

输出：

```
(array([0.        , 0.6981317 , 1.3962634 , 2.0943951 , 2.7925268 ,
        3.4906585 , 4.1887902 , 4.88692191, 5.58505361, 6.28318531]),
 array([ 0.00000000e+00,  6.42787610e-01,  9.84807753e-01,  8.66025404e-01,
         3.42020143e-01, -3.42020143e-01, -8.66025404e-01, -9.84807753e-01,
        -6.42787610e-01, -2.44929360e-16]))
```

第 1 行代码导入了科学计算模块 NumPy，之后采用 np.linspace 生成一个等差数组。为了展示方便，这里生成了范围在[0, 2π]的等间隔的 10 组数据。后面将生成更多的数据，以使得曲线变得平滑。输出结果为得到的 x、y 数组，其关系为 $y = \sin(x)$。

```
5.    import matplotlib.pyplot as plt
6.    import numpy as np
7.    x = np.linspace(0, 2*np.pi,num=256)
8.    y = np.sin(x)
9.    plt.plot(x,y)
```

第 7 行代码生成的数据是 256 个，运行结果如图 14-1 所示。可以看到，生成结果是[0, 2π]之间的正弦函数图像。

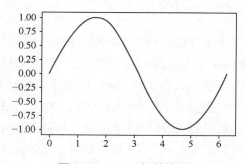

图14-1　sin(x)初始绘图

2. 调整刻度

从图 14-1 中可以看出，当前的刻度并不理想，因为图像没有显示三角函数关键坐标点的坐标。通过 xticks 与 yticks 分别设置图像，使图像只显示设置的刻度，如图 14-2 所示。

```
10.    plt.xticks( [0, np.pi/2, np.pi, 3*np.pi/2, 2*np.pi])
11.    plt.yticks([-1, 0, +1])
12.    plt.plot(x,y)
```

在图 14-2 中，虽然通过 xticks 与 yticks 将图像的坐标显示了关键数值，但是由于三角函数的特性，如果直接使用 π 来对 x 轴进行标记会更好，目前毕竟不够精确。在设置标记的时候，可以同时使用 LaTeX[①]形式进行坐标刻度的标签标记，如图 14-3 所示。

```
13.    plt.xticks([0, np.pi/2, np.pi, 3*np.pi/2, 2*np.pi],
14.           ['$0$','$\pi/2$','$\pi$', r'$3\pi/2$', r'$2\pi$'])
15.    plt.yticks([-1, 0, +1],
16.           ['$-1$','$0$','$+1$'])
17.    plt.plot(x,y)
```

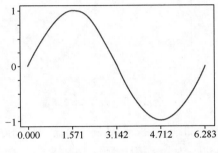

图14-2　添加显示刻度

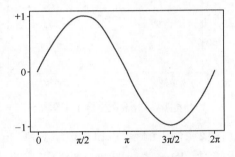

图14-3　添加刻度与标签

第 14 行代码是第 13 行代码中对应坐标位置的标签，第 16 行代码是第 15 行代码的坐标标签。值得注意的是，这里要使用 LaTeX 来编辑相关数学公式。

3. 设置坐标上下限

通过对 xlim(xmin, xmax)、ylim(xmin, xmax)进行设置，同样可以限定 x 轴、y 轴的上限和下限。指定 x 轴坐标范围为[-2,8]，y 轴的坐标范围为[-1,1]，如图 14-4 所示。

```
18.    plt.xlim(-2,8)
19.    plt.ylim(-1.0,1.0)
20.    plt.plot(x,y)
```

从图 14-4 中可以看出，通过设置 xlim、ylim，图像两侧坐标显示了出来，也实现了上

---

① LaTeX 是一种基于 TEX 的排版系统，利用这种格式，即使用户没有排版和程序设计的知识，也可以充分利用由 TEX 所提供的强大功能。对于生成复杂表格和数学公式，LaTeX 的表现尤为突出，因此它非常适用于生成高印刷质量的科技和数学类文档。

限、下限的设置。对于第 18 行代码中的 xlim 函数，其两个参数分别表示(xmin, xmax)，第 19 行代码同理。

4．改变图像基本属性

图像的基本属性包含像素、分辨率、大小、颜色、位深、色调、饱和度、亮度、色彩通道、图像的层次等。Matplotlib 可以对图像的基本属性进行更改，结果如图 14-5 所示。

```
21.    plt.plot(x,y,color ='red',linewidth =4,marker="+",linestyle ='-.',label ='sin')
22.    plt.legend(loc ='upper left',frameon = False)
23.    plt.plot(x,y)
```

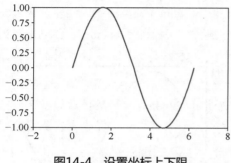

图14-4　设置坐标上下限

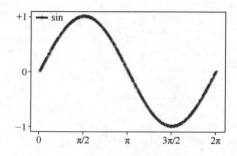

图14-5　设置图像属性

图像属性中的参数 color 表示颜色，linewidth 表示曲线宽度，marker 表示点型，linestyle 表示线型，label 表示图例。图 14-5 中设置的 linewidth 为 4，相比于图 14-4 来说，曲线变粗。设置的点型为"+"，默认是圆。线型（linestyle）为点划线形式，更多的选择见表 14-1。

表 14-1　linestyle 参数

linestyle 参数	形式
"--"	虚线
"-."	点划线
":"	点线
None	不显示

5．添加注释（文本、箭头、垂线）

通常为了增强数据的可视化效果，需要给一些特殊点做注释。这里对点（π,0）进行注释标记 $\sin(\pi)=0$，如图 14-6 所示。

```
24.    plt.text(np.pi,0,'$\sin({\pi})=0$', fontsize='20')
25.    plt.plot(x,y)
```

为了更加明显地标明注释，这里加入了一个箭头，如图 14-7 所示。

```
26.    plt.legend(loc ='upper left',frameon = False)
27.    plt.annotate('$\sin({\pi})=0$', xy=(np.pi,0), xytext=(3*np.pi/2, 0.5),arrowprops=
       dict(facecolor='black',shrink=0.005))
28.    plt.plot(x,y)
```

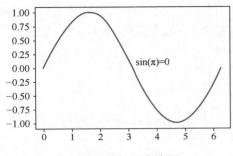

图14-6　添加文本注释

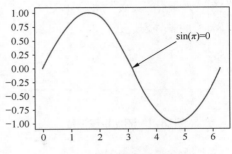

图14-7　添加箭头注释

为了指明坐标中某一点的具体取值，通常是通过该点向坐标轴做垂线。下面以散点图的形式添加垂线，最终结果如图 14-8 所示。

```
29.    t = 3 * np.pi / 2
30.    plt.plot([t,t],[0,np.sin(t)], color ='red', linewidth=2.5, linestyle="--")
31.    plt.scatter([t,],[0],50,color ='red')
32.    plt.plot(x,y)
```

6. 调整坐标轴

通过 mpl_toolkits.axisartist.axislines 导入 SubplotZero 模块，以创建子图的形式将多个图像合并，最终得到的坐标轴如图 14-9 所示。

```
33.    from mpl_toolkits.axisartist.axislines import SubplotZero
34.    if 1:
35.        fig = plt.figure(1)
36.        ax = SubplotZero(fig, 111)
37.        fig.add_subplot(ax)
38.
39.        for direction in ["xzero", "yzero"]:
40.            # 在每个轴的末尾添加箭头
41.            ax.axis[direction].set_axisline_style("-|>")
42.            # 从原点添加x和y轴
43.            ax.axis[direction].set_visible(True)
44.        for direction in ["left", "right", "bottom", "top"]:
```

```
45.            # 隐藏边界
46.            ax.axis[direction].set_visible(False)
47.    ax.plot(x, y)
```

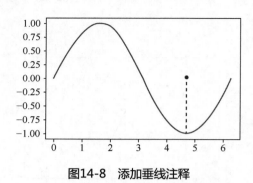

图14-8　添加垂线注释

图14-9　调整坐标轴

7. 插值

NumPy 下的 interp()函数是用来进行插值操作的，这是一维线性插值法。插值是离散函数逼近的重要方法，即通过函数在有限个点处的取值状况，估算出函数在其他点处的近似值。与拟合不同的是，插值函数经过样本点，要求曲线通过所有的已知数据。拟合函数一般基于最小二乘法，尽量靠近并穿过所有样本点，结果如图 14-10 所示。

```
48.    x = np.linspace(0, 2 * np.pi, 20)
49.    y = np.sin(x)
50.    yp = None
51.    xi = np.linspace(x[0], x[-1], 100)
52.    yi = np.interp(xi, x, y, yp)
53.    fig, ax = plt.subplots()
54.    ax.plot(x, y, 'o', xi, yi, '.')
```

8. 曲线的部分填充

在微积分运算中求曲线与坐标轴围成的面积，利用 Matplotlib 中的 fill_between 刻画曲线与坐标轴之间围成的部分就非常重要了。这里选择 sin(x)曲线与 x 轴围成的面积进行填充，如图 14-11 所示。

```
55.    fig, ax = plt.subplots(sharex=True)
56.    ax.set_title('using fill_between')
57.    ax.plot(x, y, color='black')
58.    ax.axhline(0, color='black', lw=2)
59.    ax.fill_between(x, 0, y)
60.    ax.set_ylabel('between y and 0')
```

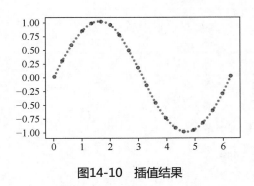

图14-10 插值结果

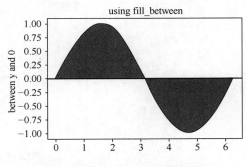

图14-11 fill_between填充图

9. 绘制完整的曲线

我们将上面的一些功能集中绘制出来，为了更好地展现结果，对其添加相应注释，调整了坐标轴、刻度及箭头的样式，最终绘图如图 14-12 所示。

```
61.    x = np.linspace(0, 2 * np.pi, 256)
62.    y = np.sin(x)
63.    #坐标轴
64.    if 1:
65.        fig = plt.figure(1)
66.        ax = SubplotZero(fig, 111)
67.        fig.add_subplot(ax)
68.        for direction in ["xzero", "yzero"]:
69.            ax.axis[direction].set_axisline_style("-|>")
70.            ax.axis[direction].set_visible(True)
71.        for direction in ["left", "right", "bottom", "top"]:
72.            ax.axis[direction].set_visible(False)
73.        ax.plot(x, y)
74.        ax.set_title('sin(x)')
75.    #坐标
76.    plt.xticks([0, np.pi/2, np.pi, 3*np.pi/2, 2*np.pi],
77.               ['$0$','$\pi/2$','$\pi$', r'$3\pi/2$', r'$2\pi$'])
78.    plt.yticks([-1, 0, +1], ['$-1$','$0$','$+1$'])
79.    #垂线
80.    t = 3 * np.pi / 2
81.    plt.plot([t,t],[0,np.sin(t)], color ='red', linewidth=2.5, linestyle="--")
82.    plt.scatter([t,],[0],50,color ='red')
83.    # 注释
84.    plt.annotate('$\sin(3\pi/2)=-1$', xy=(3*np.pi/2,-1), xytext=(2*np.pi, -0.5),
arrowprops=dict(arrowstyle="->", connectionstyle="arc3,rad=.2"))
```

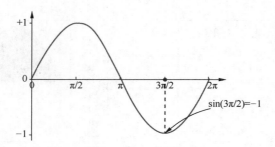

图14-12　绘制完整曲线

小贴士：Matplotlib 中文显示问题

Matplotlib 库中没有中文字体，有时图例等设置无法正常显示中文。

添加如下代码即可实现中文显示。

plt.rcParams['font.sans-serif']=['SimHei']显示中文标签。

plt.rcParams['axes.unicode_minus']=False 正常显示负号。

14.2　Matplotlib 功能介绍

在 Matplotlib 中，整个图像为一个 Figure（fig）对象。在 fig 对象中可以包含一个或者多个 Axes 对象，每个 Axes(ax)对象都是一个拥有自己坐标系统的绘图区域，所属关系如图 14-13 所示。

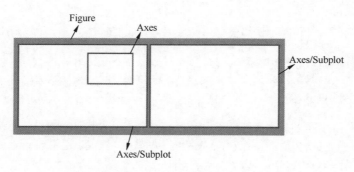

图14-13　Matplotlib对象

在图 14-13 中，整个图像是 fig 对象。绘图中只有一个坐标系区域，也就是 ax。每个 ax

对象都是一个拥有自己坐标系统的绘图区域，所属关系如图 14-14 所示。

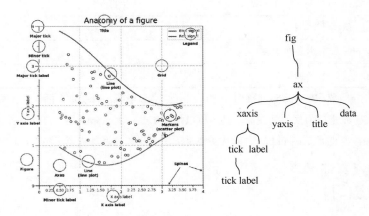

图14-14　Axes对象[①]

表 14-2 是图像内部的各个组件内容，可参考图 14-14。

表 14-2　图像内部各个组件内容

组件	说明
Figure	整个图像
Axes	轴，灵活的子图
Grid	网格
Title	标题
Grid	图像中网格
Legend	图例
Line	图像中的线
Markers	图像中的点
Spines	连接轴刻度标记的线，标明了数据区域的边界
Major tick	主刻度
Minor tick	分刻度
Major tick label	主刻度标签

---

① 图片来源：Matplotlib 官网。

续表

组件	说明
Y axis label	*y*轴标签
Minor tick label	分刻度标签
X axis label	*x*轴标签

注意：可以将fig想象成Windows的桌面，你可以有好几个桌面。ax就是桌面上的图标，subplot也是图标，它们的区别在于ax是自由摆放的图标，甚至可以相互重叠，而subplot是"自动对齐到网格"的图标。它们本质上都是图标，也就是说subplot内部其实也是调用的ax，只不过规范了各个ax的排列罢了。

14.3　本章练习

1．简答题

请描述在 Matplotlib 库中，plt.plot 参数 color、linewidth、marker、linestyle、label 的具体作用。

2．选择题

在 Matplotlib 库中，plt.plot 中有众多参数，下列（　　　）不是 linestyle 的可选参数。

A．"--"　　　　　　B．"-."　　　　　　C．"-+"　　　　　　D．":"

3．上机题

基于所学知识，使用 Python 绘制 $\cos(x)$在[0，2π]上的函数图像，并在所绘制的图像中标记出点 $\cos(3\pi/2)$的对应值。

第15章

数学建模库 Scikit-Learn——以回归为例

在进行数学建模的过程中，经常会遇到预测类问题。回归分析是一种预测性的建模技术，它研究的是因变量和自变量之间的关系。这种技术通常用于预测分析、时间序列模型，以及发现变量之间的因果关系。

回归是最为人熟知的建模技术之一，其中线性回归通常是学习预测模型时的首选技术之一。在这种技术中，因变量是连续的，而自变量可以是连续的，也可以是离散的，回归线的性质是线性的。

15.1 Scikit-Learn 实现一元线性回归

15.1.1 一元线性回归理论简介

1. "回归"来源

"回归"（regression）一词来源于生物学，是由英国著名生物学家和统计学家高尔顿[1]在研究人类遗传问题时提出来的。"回归"最初是用来描述子代身高与父代身高的一种关系。高尔顿搜集了 1078 对父子的身高数据，他发现这些数据的散点图大致呈直线状态。也就是说，总的趋势是父亲的身高增加时，儿子的身高也倾向于增加。

高尔顿用 x 表示父亲身高，y 表示成年儿子的身高，将 (x,y) 点映射到直角坐标系中，这 1078 个 (x,y) 点近乎成一条直线。他将子代与父代身高的这种现象拟合出一种线形关系，

---

[1] 弗朗西斯•高尔顿（Francis Galton，1822-1911），英国著名生物学家兼统计学家。他的父亲萨缪尔•特修斯•高尔顿（Samuel Tertius Galton，？-1844）是一位著名的银行家，他的外祖父伊拉兹马斯•达尔文（Erasmus Darwin，1731-1802）是英国著名的医学家、动植物学家、诗人和哲学家。英国生物学家、进化论的奠基人《物种起源》的作者查尔斯•罗伯特•达尔文（Charles Robert Darwin，1809-1882）是他的表哥。

分析出子代的身高 y 与父代的身高 x 大致可归结为直线关系，并求出了该直线方程（单位：英寸（in），1in=2.54cm）：$\hat{y} = 33.73 + 0.156x$。

这种趋势及回归方程表明的内容如下。

❑　父亲身高每增加 1 个单位，其儿子成年后的身高平均增加 0.516 个单位。

❑　身高较矮的父亲所生儿子的身高比其父要高，如 $x = 60$，$\hat{y} = 64.69$，高于父辈的平均身高。身高较高的父亲所生儿子的身高却回降到多数人的平均身高，如 $x = 80$，$\hat{y} = 75.01$，低于父辈的平均身高。换句话说，当父亲身高走向极端，儿子身高不会像父亲身高那样极端化，其身高要比父亲的身高更接近平均身高，即有"回归"到平均数的趋势。

上述就是统计学上最初出现"回归"时的含义，高尔顿把这一现象称为"向平均数方向的回归"（regression toward mediocrity）。虽然这是一种特殊情况，与线性关系拟合的一般规则无关，但"线性回归"的术语却因此沿用下来，作为根据一种变量（父母身高）预测另一种变量（子女身高）或多种变量关系的描述方法。之后，回归分析的思想渗透到了数理统计的其他分支。随着计算机的发展，以及各种统计软件包的出现，回归分析的应用越来越广泛。

2．一元线性回归

如果某一变量随另一变量的变化而变化，且其变化趋势呈现直线趋势，并且可用一直线方程定量地描述它们之间的线性数量依存关系，那么就可以建立一元线性回归方程，这就是一元线性回归分析。

3．模型

$Y=\alpha+\beta X+\varepsilon$，其中 X 为自变量；Y 为因变量；α 为截距项，表示回归直线与 y 轴交点的纵坐标；β 为回归系数，回归直线中的 ε 为误差项，表示虽在 Y 中，但无法用 X 与 Y 的关系作出解释的部分。

构造线性回归方程：$\hat{Y} = a + bX$，其中 $\hat{Y}$ 为因变量 Y 的预测值。

回归方程参数估计使用最小二乘法，拟合一个带有系数的线性模型，使得实际观测数据和预测数据（估计值）之间的残差平方和最小。其数学表达式为：

$$\min \sum_{i=1}^{n}(Y_i - \hat{Y}_i)^2$$

15.1.2 "小"数据的一元线性回归

首先看一个"小"数据的一元线性回归，通过小数据来认识数学建模中的一元线性回归，并通过其理解机器学习下的学习与训练过程。

【例 15.1】 广告费与销售额回归模型。

为了研究某行业企业广告支出（万元）对销售收入（百万元）的影响，收集某行业企业广告支出对销售收入的 10 组数据，如表 15-1 所示，试建立企业广告费与销售额之间的回归方程。由于广告推广有明显效果，根据所建立的模型，分析如果投入 1050 万的广告费，大概能得到多少销售额呢？

表 15-1 广告费与销售额数据表

序号	广告费（万元）	销售额（百万元）
1	300	300
2	400	350
3	400	490
4	550	500
5	720	600
6	850	610
7	900	700
8	950	660
9	980	720
10	1000	850

1．数据获取与观察

在本例中，数据保存在 chapter_15_1.xlsx 文件中，由于数据是以 xlsx 文件形式提供的，在数学建模过程中，我们通常使用 Pandas 读取文件，获取 DataFrame 类型数据。

```
1.    import pandas as pd
2.    data=pd.read_excel("chapter_15_1.xlsx")
```

第 1 行代码是导入 Pandas 模块，第 2 行代码是读取 Excel 文件以获取数据。在数学建模过程中，很多情况下我们需要实际观察数据，一种比较简单的查看数据的方法就是查看数据的前几行，使用 head 函数就可以实现，默认查询前 5 行。例如，查看数据集的前 5 行，见表 15-2。

```
3.    data.head()
```

表 15-2　chapter_15_1.xlsx 数据集前 5 行

序号	广告费（万元）	销售额（百万元）
1	300	300
2	400	350
3	400	490
4	550	500
5	720	600

下面通过 data.shape 来获取数据的维度。

```
4.    data.shape
```

输出：

```
(10, 3)
```

数据维度为 (10, 3)，表明数据有 10 行 3 列，具体的形式如表 15-1 所示。这里值得说明的是，这是一个"小"数据集，用于演示算法模型。

2．确定变量

根据本例提到的问题，如果投入 1050 万的广告费，大概能得到多少销售额呢？首先需要确定自变量和因变量。方法很简单，谁是已知，谁就是自变量；谁是未知，谁就是因变量。因此，广告费是自变量，销售额是因变量。然后，按照下面的代码，根据自变量与因变量绘制出散点图，如图 15-1 所示。

```
5.    X,y=data[["广告费(万元)"]],data[["销售额(百万元)"]]
6.    import matplotlib.pyplot as plt
7.    plt.scatter(X,y)
8.    plt.xlabel("X")
9.    plt.ylabel('y')
```

第 5 行代码是确定因变量与自变量，第 6 行代码是导入绘图模块，第 7～9 行代码是通过 Matplotlib 绘制散点图。通过绘制自变量与因变量的散点图，看看是否可以建立回归方程。在简单线性回归分析中，只需要确定自变量与因变量的相关度为强相关性，即可确定建立简单的线性回归方程。从图 15-1 可以看出，变量之间大致呈现线性关系。

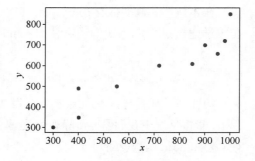

图15-1　广告费与销售额散点图

3. 构建模型

利用最小二乘法求解一元线性回归模型方程的参数，在 Python 中直接从 sklearn 引入 linear_model 即可。

```
10.    from sklearn import linear_model
11.    clf = linear_model.LinearRegression()
12.    model=clf.fit(X,y)
```

第 10 行代码是导入回归模块，第 11 行和第 12 行代码完成对 X 与 y 的模型参数训练过程，最终定义构建的模型是 model。

使用 coef_ 查看自变量前的系数，使用 intercept_ 查看截距，根据系数和截距就得到了一元回归方程。

```
13.    print("系数:%.2f, 截距:%.2f" % (model.coef_, model.intercept_))
```

输出：

```
系数:0.59，截距:159.76
```

将第 13 行代码的输出结果代入一元回归模型方程中，即得到模型为：

$$y=0.59X+159.76$$

4. 模型检验

在判定一个线性回归之间的拟合优度的好坏时，相关系数通常是一个重要的判定系数。相关系数在 Python 中的实现形式有两种：一种是使用 from sklearn.metrics import r2_score 实现；另一种是直接调用 model.score()。这两种方式效果相同，我们通常将 model.score() 得到的结果称为模型的分数。

score(X,y,[,sample_weight])：返回预测性能得分。通常预测集为 T_{test}，真实值为 y_i，真实值的均值为 $\overline{y}$，预测值为 $\hat{y}_i$，则：

$$score = 1 - \frac{\sum_{T_{test}}(y_i - \hat{y}_i)^2}{y_i - \overline{y}}$$

socre 不超过 1，但可以为负值。socre 值越大，表示预测性能越好。

```
14.    model_score = model.score(X,y)
15.    model_score
```

输出：

```
0.8868179202876323
```

输出结果为 0.8868179202876323，是一个比较不错的分数，说明模型的效果不错，可以使用这个模型预测未知数据。

5. 模型预测

调用模型的 predict()方法，这就是使用 sklearn 进行简单线性回归的求解过程。本例需要解决的问题：根据建立的模型，分析如果投入 1050 万的广告费，大概能得到多少销售额。

```
16.    X=1050
17.    y_pred = model.predict(X)
18.    y_pred
```

输出：

```
array([[782.67037573]])
```

通过预测结果可以得到，如果投入 1050 万的广告费，大概能得到的销售额为 782.67（单位：百万元）。

6. 拟合效果图

通过前面 5 个步骤的处理，我们已经得到了回归方程并预测了销售额，接下来将预测得到的回归方程与数据绘制在一个图中，如图 15-2 所示。

```
19.    plt.scatter(X,y)
20.    plt.plot(X,y_pred,'g-')
21.    plt.xlabel("X")
22.    plt.ylabel('y')
```

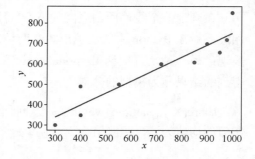

图15-2　广告费与销售额拟合效果

从图 15-2 可以看出，图中的坐标点基本分布在直线方程的两侧，并没有出现过于异常的点，与模型检验中的高得分结果相呼应。这说明在当前少量数据的前提下，一元回归方程效果显著。

15.1.3　一元线性回归分析糖尿病病情案例

首先获取 diabetes 数据集，并利用该数据集学习线性回归。diabetes 是一个关于糖尿病的数据集，来源于 UCI 数据库[①]。该数据集包括 442 个病人的生理数据及一年以后病情进展的定量测量。该数据集的数据形式为文本文件，存储在 chapter_15_2.txt 中。采用 Pandas 下的 read_table 方式读取数据，数据赋给变量 data。

```
1.    import pandas as pd
2.    data=pd.read_table("chapter_15_2.txt")
```

下面对数据进行初步观察，以便对数据有一定的了解，之后进行数据的描述统计分析。

```
3.    data.shape
```

输出：

```
(442, 11)
```

```
4.    data.head()
```

执行第 3 行代码后输出结果为(442, 11)，表明数据集有 442 行、11 列。第 4 行代码实现数据集的查看，查看数据集的前 5 行，见表 15-3。diabetes 数据集中的特征值总共有 10 项，依次为年龄（AGE）、性别（SEX）、体质指数（BMI）、血压（BP）、S1、S2、S3、S4、S5 和 S6（S1～S6 为 6 种血清的化验数据）。目标变量为一年以后病情进展的定量测量量化值 Y。

表 15-3　chapter_15_2.txt 数据集前 5 行

	AGE	SEX	BMI	BP	S1	S2	S3	S4	S5	S6	Y
0	59	2	32.1	101	157	93.2	38	4	4.8598	87	151
1	48	1	21.6	87	183	103.2	70	3	3.8918	69	75
2	72	2	30.5	93	156	93.6	41	4	4.6728	85	141
3	24	1	25.3	84	198	131.4	40	5	4.8903	89	206
4	50	1	23	101	192	125.4	52	4	4.2905	80	135

在一元回归中，只涉及两个变量，一个是自变量，另一个是因变量。这里选取 diabetes 数据集的第 3 列与一年以后病情测量量化值 Y 进行演示，即 BMI 与 Y。同时，使用 head() 分别查看两列数据的前 5 行数据，具体见表 15-4 和表 15-5。

```
5.    X,y=data.iloc[:,2:3],data.iloc[:,10:11]
6.    X.head()
7.    y.head()
```

[①] UCI 数据库是美国加州大学欧文分校（University of California，Irvine）发布的用于机器学习的数据库。

表 15-4 BMI 列数据前 5 行

	BMI
0	32.1
1	21.6
2	30.5
3	25.3
4	23

表 15-5 Y 列数据前 5 行

	Y
0	151
1	75
2	141
3	206
4	135

现在已经准备好了（X, y），接下来就可以通过 Python 下的 sklearn 导入已经封装好的回归分析模块。下面以对特征 BMI 与 Y 的关系进行解释。

```
8.    from sklearn import linear_model
9.    clf = linear_model.LinearRegression()
10.   model=clf.fit(X,y)
11.   print("系数:%.2f,截距:%.2f" % (model.coef_, model.intercept_))
```

输出：

系数:10.23, 截距:-117.77

于是得到了回归方程 $y = 10.23X-117.77$，这样就通过一元线性回归分析得到了 y 与 X 之间的关系。由于回归分析是一种监督学习，其通常将数据按照一定比例切割成训练集与测试集来优化模型。如果以统计学思想去理解，就是从整个数据中拿出一部分数据用于预测检验。如果数据量比较小，那么就没有必要采用监督学习的方式进行切割优化了。

小贴士：机器学习算法分为监督学习、无监督学习与强化学习

监督学习：对于有标签的数据进行学习，目的是能够正确判断无标签的数据。常用于回归预测、标签分类等。

无监督学习：对于无标签的数据进行学习，目的是不仅能够解决有明确答案的问题，也可以对没有明确答案的问题进行预测。常用于聚类、异常检测等。

强化学习：强化学习是智能体（Agent）以"试错"的方式进行学习，通过与环境进行交互获得奖赏指导行为，目标是使智能体获得最大的奖赏。但在传统的机器学习分类中，没有提到过强化学习，而在连接主义学习中，把学习算法分为以上 3 种类型。

在 Python 中，通过 from sklearn import train_test_split 导入 train_test_split()对数据集进行切割。这里的 train_test_split()函数用于将矩阵随机划分为训练子集和测试子集，并返回划分好的训练集样本、训练集标签，以及测试集样本、测试集标签。

```
train_test_split(data,
                 target,
                 test_size=0.3,
                 random_state=0)
```

参数如下。

- ❑ data：被划分的样本特征集。

- ❑ target：被划分的样本标签。

- ❑ test_size：如果是浮点数，在 0～1 之间，表示样本占比；如果是整数，就是样本的数量。

- ❑ random_state：随机数的种子。

随机数种子其实就是该组随机数的编号，在需要重复试验的时候，保证得到一组一样的随机数。例如，用户每次都填 1，在其他参数一样的情况下，得到的随机数组是一样的；但填 0 或不填，每次都会不一样。随机数的产生取决于种子，随机数和种子之间的关系遵从以下两个规则。

- ❑ 种子不同，产生不同的随机数。

- ❑ 种子相同，即使实例不同，也会产生相同的随机数。

```
12.    from sklearn.cross_validation import train_test_split
13.    x_train,x_test,y_train,y_test=train_test_split(data.iloc[:,2:3],data.iloc[:,10:11],
test_size=0.3,random_state=1)
14.    print(x_train.shape,x_test.shape,y_train.shape,y_test.shape)
```

输出：

```
(309, 1) (133, 1) (309, 1) (133, 1)
```

第 14 行代码是完成查看切割后数据的维度操作，对于原始的 442 条数据，分别切割成训练数据 309 条、测试数据 133 条，切割的比例为 0.3。

```
15.    clf = linear_model.LinearRegression()
16.    model=clf.fit(x_train, y_train)
17.    print("系数:%.2f,截距:%.2f" % (model.coef_, model.intercept_))
```

输出：

```
系数:11.11,截距:-141.57
```

接下来观察数据集中训练数据与测试数据对于模型来说分别的得分情况，这里我们采用.score()方法进行计算。

```
18.    train_score = model.score(x_train, y_train)
19.    test_score = model.score(x_test, y_test)
20.    train_score,test_score
```

输出：

```
(0.3932792504160496, 0.18642576043332115)
```

第 18 行和第 19 行代码分别对训练集与测试集数据进行得分计算，得分四舍五入后分别约为 0.39 和 0.18。下面绘制模型方程直线与数据之间的拟合效果图，如图 15-3 所示。真实值、预测值的对比如图 15-4 所示。

```
21.    import matplotlib.pyplot as plt
22.    y_pred=clf.predict(x_test)
23.    plt.title("diabetes")
24.    plt.xlabel("x")
25.    plt.ylabel("y")
26.    plt.plot(x_test, y_test, 'k.')
27.    plt.plot(x_test, y_pred, 'g-')
28.    for idx,m in enumerate(x_test.values):
29.        plt.plot([m, m],[y_test.values[idx],y_pred[idx]], 'r-')
30.    # plt.savefig('power.png', dpi=300)    #保存图片
```

```
31.    plt.figure()
32.    plt.plot(range(len(y_pred)),y_pred,'b',linestyle="--",label="predict")
33.    plt.plot(range(len(y_pred)),y_test,'r',label="test")
34.    plt.legend(loc="upper right")
35.    plt.xlabel("X")
36.    plt.ylabel('y')
```

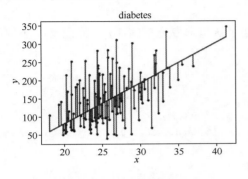

图15-3　拟合效果图

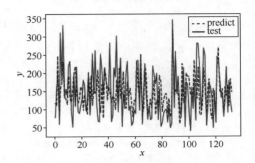

图15-4　一元线性回归预测值与真实值对比图

从图 15-3 中坐标点到直线的距离效果来看，整体地反映了数据分布在直线两侧。相比于图 15-2，图 15-3 中的数据量明显增多，体现出海量数据下数据的复杂变化规律。在图 15-4 所示的预测值与真实值对比图中，则反映了模型每一次对 X 的预测效果。

15.2　Scikit-Learn 实现多元线性回归

15.2.1　多元线性回归理论简介

在回归分析中，如果有两个或两个以上的自变量，就称为多元回归。事实上，一种现象常常是与多个因素相联系的，由多个自变量的最优组合共同来预测或估计因变量，比只用一个自变量进行预测或估计更有效，更符合实际。因此，多元线性回归比一元线性回归的实用意义更大。

下面是一组用于回归的方法，其中目标值 y 输入变量 x 的线性组合。在数学概念中，$\hat{y}$ 表示预测值。

$$\hat{y}(w,x) = w_0 + w_1 x_1 + \cdots + w_p x_p$$

在整个模块中，我们定义向量 $w = (w_1, \cdots, w_p)$ 作为 coef_，定义 w_0 作为 intercept_。

在求解过程中，依据普通最小二乘法，拟合一个带有系数 $w = (w_1, \cdots, w_p)$ 的线性模型，使得数据集实际观测数据和预测数据（估计值）之间的残差平方和最小。

其数学表达式为：

$$\min_{w} \| Xw - y \|_2^2$$

15.2.2　多元线性回归实战

关于数据集，采用 chapter_15_2.txt 的数据集。这里选取全部的 10 个特征集进行多元回归分析，相应的观察数据过程见一元回归过程。

```
1.    import pandas as pd
2.    data=pd.read_table("chapter_15_2.txt")
3.    from sklearn.cross_validation import train_test_split
4.    x_train,x_test,y_train,y_test=train_test_split(data.iloc[:,0:10],data.iloc[:,10:
11],test_size=0.3,random_state=1)
5.    clf = linear_model.LinearRegression()
6.    model=clf.fit(x_train, y_train)
7.    train_score = model.score(x_train, y_train)
8.    test_score = model.score(x_test, y_test)
```

输出：

```
(0.5417924056813228, 0.4384543914344784)
```

一元回归与多元回归的区别在于变量的个数，通过第 4 行中的 data.iloc[:,0:10]来选取特征集，此处选取了 10 个特征集进行回归预测。另外，选取的预测 data.iloc[:,10:11]仍然是 Y。准备好数据集之后，进行线性回归模型的构建，之后分别计算得到训练集与测试集的得分，四舍五入后分别约为 0.54 和 0.44。接下来，将多元回归方程构建出来，获取系数与常数项。

```
9.    feature_cols=data.iloc[:,0:10].columns.values
10.   ratio=list(zip(feature_cols,model.coef_[0]))
11.   ratio
```

输出：

```
[('AGE', -0.04832914862049323),
  ('SEX', -22.690468508221464),
  ('BMI', 6.2752055248917955),
  ('BP', 1.190253565621219),
  ('S1', -0.8910324849818368),
  ('S2', 0.5337115803196908),
  ('S3', 0.33200149533725715),
  ('S4', 8.030151885486678),
```

```
    ('S5', 60.57864802091561),
    ('S6', 0.19104925711527676)]
12.   model.intercept_
```

输出：

```
-331.98
```

以上已经得到了回归方程的系数与常数项，下面编写一个小程序来将最后的多元回归方程展示出来。

```
13.   expression='y=-331.98'
14.   for i in ratio:
15.       if i[1]<0:
16.           expression+=str(i[1])[0:6]+"*"+i[0]
17.       else:
18.           expression+="+"+str(i[1])[0:5]+"*"+i[0]
19.   expression
```

输出：

```
'y=-331.98-0.048*AGE-22.69*SEX+6.275*BMI+1.190*BP-0.891*S1+0.533*S2+0.332*S3
+8.030*S4+60.57*S5+0.191*S6'
```

上面得到的就是多元回归方程，可以看出该方程中有正有负。系数中的正负分别代表着正向作用与负向作用。而且，系数有大有小，系数的绝对值大小代表着该变量对于 Y 来说作用的大小。接下来绘制多元回归下的预测值与真实值对比图，如图 15-5 所示。

```
20.   plt.figure()
21.   plt.plot(range(len(y_pred)),y_pred,'b',linestyle="-.",label="predict")
22.   plt.plot(range(len(y_pred)),y_test,'r',label="test")
23.   plt.legend(loc="upper right")  #显示图中的标签
24.   plt.xlabel("X")
25.   plt.ylabel('y')
```

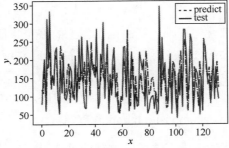

图15-5　多元线性回归预测值与真实值对比图

　　图 15-5 是多元线性回归预测值与真实值对比图，相比于图 15-4 所示的一元线性回归预测值与真实值对比图，效果更好。对比图反映了模型的得分，能够更加直观地反映模型的效果。

15.3　多重共线性问题

　　上文介绍了线性回归中较为基础的一元线性回归方法与多元线性回归方法。针对普通最小二乘法的系数估计问题，其依赖于模型自变量中各个变量之间相互独立的特性。当自变量存在较高的线性相关度时，会导致最小二乘估计对于随机误差非常敏感，产生很大的方差。例如，在没有实验设计的情况下收集到的数据，这种多重共线性（multicollinearity）的情况可能真的会出现。

1．岭回归以及 LASSO 回归

　　岭回归以及 LASSO 回归通过改进最小二乘法的求参过程，加入惩罚项构建模型，放弃最小二乘法的无偏性，以损失部分信息、降低精度为代价来获得更实际和具备更高可靠性的回归系数。岭回归与 LASSO 回归最大的区别在于岭回归引入的是 L2 范数惩罚项，LASSO 回归引入的是 L1 范数惩罚项。两种模型同样可以在 sklearn 下通过 linear_model 来引用函数方法实现。

　　❑　岭回归：linear_model.Ridge()

　　❑　LASSO 回归：linear_model.Lasso()

　　在实际的建模过程中，针对多变量往往会出现自变量共线性的情况，那么可以使用岭回归以及 LASSO 回归进行处理。

2．主成分回归

　　主成分分析的核心思想就是降维，把高维空间上的多个特征组合成少数几个无关的主成分，同时包含原数据中大部分的变异信息。通过主成分分析，将原始参与建模的变量转换为少数几个主成分，每个主成分是原变量的线性组合，然后基于主成分做回归分析，这样也可以在不丢失重要数据特征的前提下避开共线性问题。在 sklearn 下，同样可以导入主成分分析模块：from sklearn.decomposition import PCA。

　　本章的最后一节，希望读者没有错过，这部分虽然没有实际案例，但却给出了多重共线性问题的解决方案。

通过对本章的学习，相信读者已经能够独自解决数学建模中的部分问题，可以驾驶数学建模旅程的"大船"，驶向知识海洋中的未知港湾。

15.4　本章练习

1．简答题

请简述两种以上回归分析中多重共线性问题的解决方法。

2．选择题

下列正确描述 score() 函数的选项是（　　　）。

A．其取值越大，模型越好　　　　B．不能等于 0　　　　　　　C．不能为负数

3．上机题

基于所学知识，获取 chapter_15_2.txt 数据集，表结构见表 15-3。利用血压（BP）与病情进展的定量测量量化值 Y 构建一元线性回归方程模型（其中 Y 作为因变量），并求解模型系数。

附录

习题答案

第 1 章

1. 简答题

请简述 Python 为什么适用于科学计算。

【答】科学计算是一门交叉学科。Python 拥有丰富的库，并且可移植性非常强，有 NumPy、SciPy、Pandas 和 Matplotlib 等程序库，可以帮助使用者在计算巨型数组、矢量分析、神经网络等方面高效率地完成各种复杂的科学计算工作。

2. 选择题

Python 诞生于哪一年。（   ）

A．1988 年　　　　B．1989 年　　　　C．1990 年　　　　D．1991 年

【解析】答案为 D。1991 年，第一款 Python 编译器诞生，它是用 C 语言实现的，并能够调用 C 语言的库文件。

3. 判断题

1）Python 是面向过程的程序设计语言。（✖）

2）Python 是免费、开源的。（✔）

3）Python 的发明者是美国人 Guido van Rossum。（✖）

【解析】Python 是免费、开源的面向对象的语言。Python 的发明者荷兰人 Guido van

Rossum，并非美国人。

第 2 章

1．简答题

请简单介绍 Anaconda 的特点。

【答】Anaconda 具有主要的特点有开源、安装过程简单、高性能的使用 Python 和 R 语言，以及有免费的社区支持。

2．选择题

"Hello, World"一词是由（　　）提出的。

A．Brian Kernighan　　　　B．Guido van Rossum　　　　C．Mark Elliot Zuckerberg

【解析】答案为 A。

3．上机题

请配置安装 Jupyter notebook，并实现输出"Hello, World"。

【答】配置安装 Jupyter notebook 请参考 2.1 节，实现输出"Hello, World"请参考 2.2.2 节。

第 3 章

1．简答题

请列举 Python 的单行注释和多行注释的实现形式。

【答】单行注释以井号（#）开头标识，多行注释用块注释 3 个单引号（'''）或者 3 个双引号（"""）将注释括起来。

2．选择题

Python 3 获取标准输入的关键字是（　　）。

A．raw_input　　　　B．enter　　　　C．in　　　　D．input

【解析】答案为 D。在 Python 2 中实现获取标准输入的关键字是 raw_input，在 Python 3 中获取标准输入的关键字是 input。

3. 上机题

分别使用%和format完成输出操作,从键盘获取用户输入3.1415926,最终完成输出为3.14。

【答】使用%完成输出操作,如图1所示。

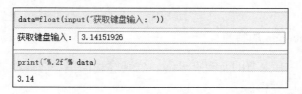

图1 %完成输出操作

源码为:

```
data=float(input("获取键盘输入: "))
print("%.2f"% data)
```

使用format完成输出操作,如图2所示。

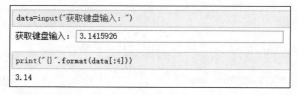

图2 format完成输出操作

源码为:

```
data=input("获取键盘输入: ")
print("{}".format(data[:4]))
```

第4章

1. 简答题

请解释Python中运算符/与//的区别。

【答】/表示除法运算,//表示整除运算,取整数部分。

2. 选择题

以下能作为标识符的是（　　　）。

A．123 　　　　 B．1name 　　　　 C．hell-name 　　　　 D．hell_name

【解析】答案为 D。标识符用来标识变量名、符号常量名、函数名、数组名、类型名和文件名的有效字符序列。在命名标识符时，要遵循下列规则。

- 标识符的第一个字符必须是字母表中的字母（大写或小写）或者一个下划线（_)。

- 标识符名称的其他部分可以由字母（大写或小写）、下划线（_）或数字（0～9）组成。

- 标识符名称是对大小写敏感的，例如 name 和 Name 不是同一个标识符。

- 有效标识符名称的例子有 i、__my_name、name_23 和 a1b2_c3。

- 无效标识符名称的例子有 2things、this is spaced out 和 my-name。

3．上机题

a = 20，b = 10，c = 15，d = 5，请上机实现 e = a + (b * c) / d，并打印 e。

【答】示例如图 3 所示。

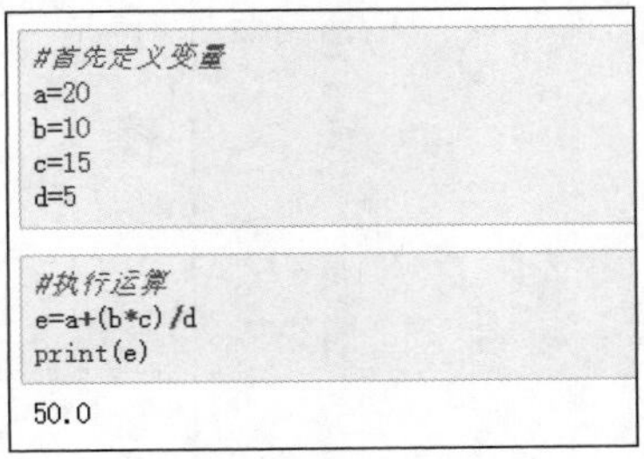

源码为：

```
#首先定义变量
a=20
b=10
c=15
d=5
#执行运算
e=a+(b*c)/d
print(e)
```

```
#首先定义变量
a=20
b=10
c=15
d=5

#执行运算
e=a+(b*c)/d
print(e)

50.0
```

图3　示例实现

第 5 章

1．简答题

请列举在 Python 下的数据结构。

【答】列表、元组、字典、集合。

2. 选择题

下列不是 Python 中字典结构的是（　　　）。

A. [1,2,{3,4}]　　　　B. {}　C. {a:[1,2,3]}　　　　D. {a:b,c:m}

【解析】答案为 A。A 是列表，并非字典。

3. 上机题

存在两个列表 a=[2,3,4,5]、b=[2,5,8]。基于所学知识，使用 Python 分别对两个列表 a 和 b 求交集、并集和差集。

【答】示例操作如图 4 所示。

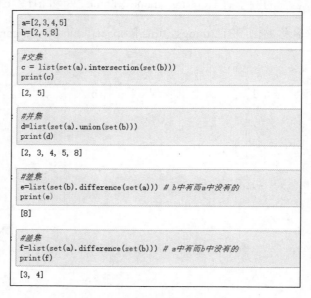

```
a=[2, 3, 4, 5]
b=[2, 5, 8]

#交集
c = list(set(a).intersection(set(b)))
print(c)
```
```
[2, 5]
```
```
#并集
d=list(set(a).union(set(b)))
print(d)
```
```
[2, 3, 4, 5, 8]
```
```
#差集
e=list(set(b).difference(set(a)))  # b中有而a中没有的
print(e)
```
```
[8]
```
```
#差集
f=list(set(a).difference(set(b)))  # a中有而b中没有的
print(f)
```
```
[3, 4]
```

图4　示例实现

源码为：

```
a=[2,3,4,5]
b=[2,5,8]
#交集
c = list(set(a).intersection(set(b)))
print(c)
#并集
d=list(set(a).union(set(b)))
print(d)
```

```
#差集
e=list(set(b).difference(set(a)))  # b中有而a中没有的
print(e)
#差集
f=list(set(a).difference(set(b)))  # a中有而b中没有的
print(f)
```

第 6 章

1. 简答题

请列举 Python 下 if 的几种实现形式。

【答】

（1）if 的最简单形式

```
if condition（条件）：
    statement（语句）
```

（2）if-else 语句的基本形式

```
if condition1:
    statement1
else:
    statement2
```

（3）多分支形式

```
if condition1:
    statement1
elif condition2 :
    statement2
…
elif conditionN :
    statementN
else:
    statement
```

2. 选择题

现有 Python 三元运算语句 c=a+b if a>b else a-b，当输入 a=2、b=5，则返回的结果 c 为（   ）。

A. 0   B. 7   C. −3   D. 3

【解析】答案为 C。参考源码为：

```
a=2
b=5
c=a+b if a>b else a-b
print(c)
```

3. 上机题

基于所学知识，利用 Python 实现一个计算机与人两者之间的剪刀、石头、布的猜拳小游戏，要求可以实现多次猜拳。

【答】示例操作如图 5 所示。

```
#石头、剪子、布 猜拳小游戏
import random
while 1:
    s = int(random.randint(1, 3))
    if s == 1:
        ind = "石头"
    elif s == 2:
        ind = "剪子"
    elif s == 3:
        ind = "布"
    m = input('【猜拳游戏】输入 石头、剪子、布猜拳,输入"end"结束游戏:\n')
    blist = ['石头', '剪子', '布']
    if (m not in blist) and (m != 'end'):
        print ("输入错误,请重新输入！")
    elif (m not in blist) and (m == 'end'):
        print ("\n游戏退出中...")
        break
    elif m == ind :
        print ("电脑出了：" + ind + "，平局！")
    elif (m == '石头' and ind =='剪子') or (m == '剪子' and ind =='布') or (m == '布' and ind =='石头'):
        print ("电脑出了：" + ind +"，你赢了！")
    elif (m == '石头' and ind =='布') or (m == '剪子' and ind =='石头') or (m == '布' and ind =='剪子'):
        print ("电脑出了：" + ind +"，你输了！")
```

```
【猜拳游戏】输入 石头、剪子、布猜拳,输入"end"结束游戏:
石头
电脑出了：石头, 平局!
【猜拳游戏】输入 石头、剪子、布猜拳,输入"end"结束游戏:
剪子
电脑出了：布, 你赢了!
【猜拳游戏】输入 石头、剪子、布猜拳,输入"end"结束游戏:
布
电脑出了：布, 平局!
```

图5　示例实现

源码为：

```
#石头、剪子、布 猜拳小游戏
import random
while 1:
    s = int(random.randint(1, 3))
    if s == 1:
        ind = "石头"
    elif s == 2:
```

```
        ind = "剪子"
    elif s == 3:
        ind = "布"
m = input('【猜拳游戏】输入 石头、剪子、布猜拳,输入"end"结束游戏:\n')
blist = ['石头', "剪子", "布"]
if (m not in blist) and (m != 'end'):
    print ("输入错误, 请重新输入! ")
elif (m not in blist) and (m == 'end'):
    print ("\n游戏退出中...")
    break
elif m == ind :
    print ("电脑出了:  " + ind + ", 平局! ")
elif (m == '石头' and ind =='剪子') or (m == '剪子' and ind =='布') or (m == '布
' and ind =='石头'):
    print ("电脑出了:  " + ind +", 你赢了! ")
elif (m == '石头' and ind =='布') or (m == '剪子' and ind =='石头') or (m == '布'
and ind =='剪子'):
    print ("电脑出了:  " + ind +", 你输了! ")
```

第 7 章

1．简答题

请简述 break 与 continue 关键字的区别。

【答】break 语句用来跳出整个循环，而 continue 语句则用来告诉 Python 跳出本次循环，即跳过当前循环的剩余语句，然后继续进行下一轮循环。

2．选择题

Python 循环语句的关键字是（　　　）。

A．for　　　　　　　B．hello　　　　　　　C．do　　　　　　　D．break

【解析】答案为 A。在 Python 中有两种循环语句形式——while 循环和 for 循环，故答案为 A。

3．上机题

一张纸的厚度大约是 0.08mm，基于所学知识，计算对折多少次之后能达到珠穆朗玛峰的高度（8848.13m）？

【答】示例操作如图6所示。

```
thickness = 0.08 / 1000
n = 0
while True:
    height = thickness * 2 ** n
    if height >= 8848.13:
        print(f"Need to fold {n} times, and total height is {height} m")
        break
    n += 1

Need to fold 27 times, and total height is 10737.41824 m
```

图6 示例实现

源码为：

```
thickness = 0.08 / 1000
n = 0
while True:
    height = thickness * 2 ** n
    if height >= 8848.13:
        print(f"Need to fold {n} times, and total height is {height} m")
        break
    n += 1
```

第8章

1. 简答题

实际参数和形式参数有何不同？列举形式参数可以使用哪几种方式来调用函数。

【答】函数中的参数称为形参（形式参数），而调用者提供给函数调用的值称为实参（实际参数）。

函数的形参和实参的不同之处如下。

❑ 形参变量只有在被调用时才分配内存单元，在调用结束时，即刻释放所分配的内存单元。因此，形参只有在函数内部有效，函数调用结束返回主调函数后，则不能再使用该形参变量。

❑ 实参可以是常量、变量、表达式和函数等，无论实参是何种类型的量，在进行函数调用时，它们都必须具有确定的值，以便把这些值传递给形参。因此应预先用赋值和输入等办法使实参获得确定值。

❑ 实参和形参在数量、类型和顺序上应满足传参规则，否则会发生类型不匹配的错误。

❑ 函数调用中发生的数据传递是单向的，即只能把实参的值传递给形参，而不能把形参的值反向传递给实参。因此在函数调用过程中，形参的值会发生改变，而实参中的值不会变化。

可以使用以下类型的形式参数来调用函数。

❑ 必需参数。

❑ 关键字参数。

❑ 默认参数。

❑ 可变长参数。

2．选择题

下面表示 Python 下函数关键字的是（　　　）。

A．class　　　　　B．def　　　　　C．for　　　　　D．list

【解析】答案为 B。

3．上机题

基于所学知识，使用 Python 编写一个函数，使其返回 3 个整数中的最大值。

【答】示例操作如图 7 所示。

源码为：

```
#定义函数
def isMax(a,b,c):
    a = a if a>b else b
    c = c if c>a else a
return c
```

调用形式为：

```
isMax(5,22,-1)
```

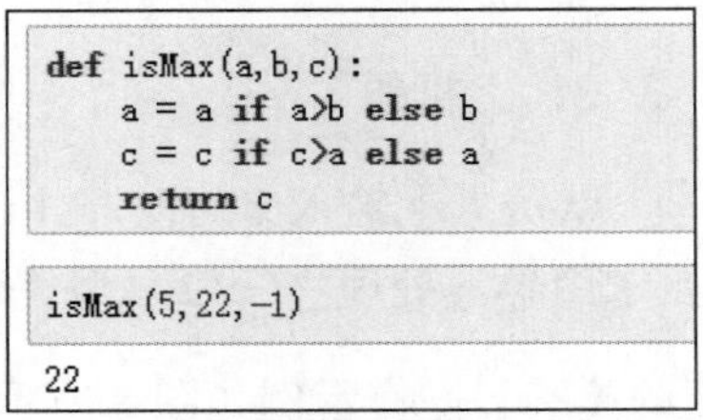

```
def isMax(a,b,c):
    a = a if a>b else b
    c = c if c>a else a
    return c

isMax(5,22,-1)

22
```

图7　示例实现

第 9 章

1．简答题

请列举模块的导入方法，并说明 as 的作用。

【答】

方式 1：import　模块名

　　　　使用时：模块名.函数名()

方式 2：from　模块名　import 函数名

　　　　使用时：函数名()

方式 3：from　模块名　import *

　　　　使用时：函数名()

方式 4：from　模块名　import　函数名　as　alias (自定义别名)

　　　　使用时：alias( )。注意，原来的函数名将失效

as 关键字的作用就是自定义别名的作用。

2．选择题

下面表示 Python 操作系统错误的是（　　　）。

A．OSError　　　　B．IOError　　　　C．SystemExit　　　　D．SyntaxWarning

【解析】答案为 A。OSError 表示操作系统错误，IOError 表示输入/输出操作失败，SystemExit 表示解释器请求退出，SyntaxWarning 表示语法警告。

3．上机题

从键盘上输入 x 的值，并计算 $y=\ln(x+2)$ 的值，要求用异常处理"$(x+2)$ 为负时求对数"的情况。

【答】操作示例如图 8 所示。

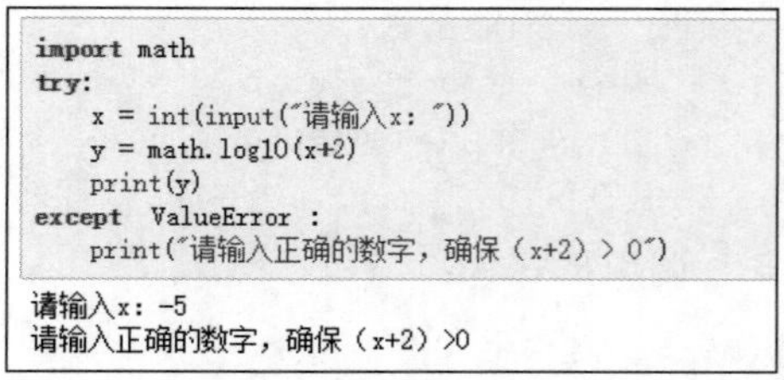

图8　示例实现

源码为：

```
import math
try:
    x = int(input("请输入x: "))
    y = math.log10(x+2)
    print(y)
except  ValueError :
    print("请输入正确的数字，确保（x+2）> 0")
```

第 10 章

1. 简答题

请描述在 Python 的 Pandas 库下，open()函数打开文件操作中参数 r、w 和 a 的区别。

【答】

r：以只读方式打开文件。文件的指针将会放在文件的开头，这是默认模式。

w：打开一个文件只用于写入。如果该文件已存在，则打开文件，并从开头开始编辑，即原有内容会被删除；如果该文件不存在，则创建新文件。

a：打开一个文件用于追加。如果该文件已存在，文件指针将会放在文件的结尾，即新的内容将会被写入已有内容之后；如果该文件不存在，则创建新文件进行写入。

2. 选择题

下列函数中，（　　）是 open()函数中读取整个文件的操作。

A．file.read()　　　　B．file.readline()　　　　C．file.readlines()

【解析】答案为 A。file.read()每次读取整个文件，file.readline()每次只读取一行，file.readlines()自动将文件内容分析成一个行的列表进行读取。

3. 上机题

基于所学知识，通过 Python 将"Python 文件读写操作"这段文本写入 10.txt 文件。

【答】操作示例如图 9 所示。

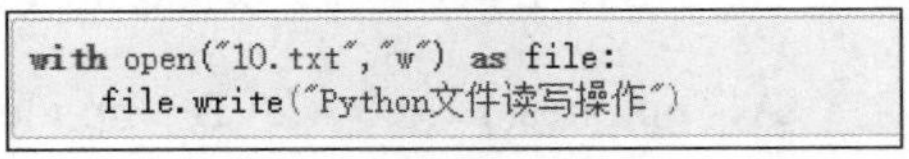

源码为：

```
with open("10.txt","w") as file:
file.write("Python文件读写操作")
```

```
with open("10.txt","w") as file:
    file.write("Python文件读写操作")
```

图9　示例实现

第 11 章

1. 简答题

请列举出 3 种以上 NumPy 中的 ndarray 对象属性，并说明属性的含义。

【答】涵盖 ndarray 对象属性表中任意 3 种即可。

ndarray 对象属性表

属性	含义
T	转置，与self.transpose()相同，如果维度小于2，则返回self
size	数组中元素个数，等于shape元素的乘积
itemsize	数组中每个元素字节的大小，例如，一个类型为float64的元素的数组itemsize 为8（=64/8），而一个complex32的数组itersize为4（=32/8）。该属性等价于ndarray.dtype.itemsize
dtype	数组元素的数据类型对象，可以用标准Python类型来创建或指定dtype；或者在后面加上numpy的类型：numpy.int32、numpy.int16、numpy.float64，等等
ndim	数组的轴（维度）的数量。在Python中，维度的数量通常被称为rank
shape	数组的维度，为一个整数元组，表示每个维度的大小。对于一个n行m列的矩阵来说，shape就是（n，m）
data	该缓冲区包含了数组的实际元素。通常情况下，我们不需要使用这个属性，因为我们会使用索引方式来访问数组中的元素
flat	返回数组的一维迭代器
imag	返回数组的虚部
real	返回数组的实部
nbytes	数组中所有元素的字节长度

2．选择题

下列函数中，（ ）是 NumPy 库中可以生成 n 维单位方阵的函数。

A．np.ones()   B．np.identity()   C．np.zeros()

【解析】答案为 B。np.ones()依据给定形状和类型返回一个元素全为 1 的数组，np.identity()依据给定参数，一个 n 维单位方阵，np.zeros()依据给定形状和类型返回一个新的元素全部为 0 的数组。

3．上机题

基于所学知识，求解 $\begin{cases} 30x + 15y = 675 \\ 12x + 5y = 265 \end{cases}$。

【答】操作示例如图 10 所示。

```
import numpy as np
a = np.array([[30,15], [12,5]])
b = np.array([675,265])
x = np.linalg.solve(a, b)
x
```
```
array([20.,   5.])
```

图10　示例实现

源码为:

```
import numpy as np
a = np.array([[30,15], [12,5]])
b = np.array([675,265])
x = np.linalg.solve(a, b)
x
```

第 12 章

1. 简答题

请简述在 SciPy 库中, scipy.integrate 求积分的方法有哪些, 以及各种方法之间的区别。

【答】Scipy.integration 提供多种积分的模块, 主要分为两类。

一种是对给出的函数对象积分, 具体如下:

quad(func, a, b[, args, full_output, …])	计算定积分
dblquad(func, a, b, gfun, hfun[, args, …])	计算二重积分
tplquad(func, a, b, gfun, hfun, qfun, rfun)	计算三重积分
nquad(func, ranges[, args, opts, full_output])	多变量积分

另一种是对于给定固定样本的函数积分, 一般关注于对数值积分的 trapz 和 cumtrapz 函数。trapz 使用复合梯形规则沿给定轴线求积分, cumtrapz 使用复合梯形公式累计计算积分。

2. 选择题

下列函数中, (　　) 是 SciPy 库中求矩阵行列式的函数。

A. linalg.det()　　　　　B. linalg.inv()　　　　　C. linalg.solve()

【解析】答案为 A。通过 linalg.det()函数进行求解矩阵行列式, linalg.inv()矩阵的求逆运算，linalg.solve()用于方程组求解。

3．上机题

基于所学知识，当 $a=1$、$b=3$ 时，求解 $I(a,b)=\int_0^1 (ax^2+b)\mathrm{d}x$ 的值。

【答】操作示例如图 11 所示。

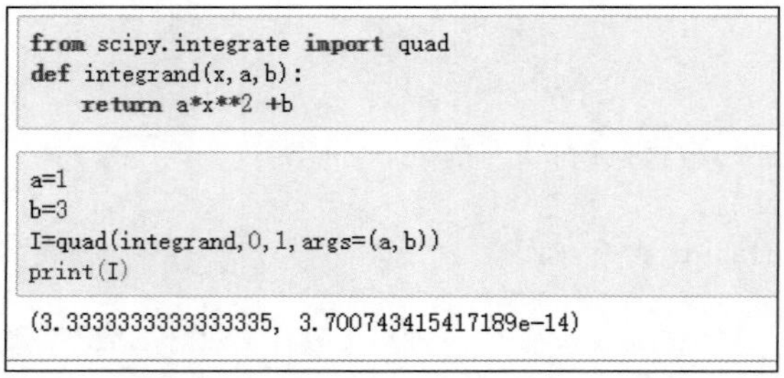

```
from scipy.integrate import quad
def integrand(x, a, b):
    return a*x**2 +b

a=1
b=3
I=quad(integrand, 0, 1, args=(a, b))
print(I)

(3.3333333333333335, 3.700743415417189e-14)
```

图11　积分求解实现

源码为：

```
from scipy.integrate import quad
def integrand(x,a,b):
return a*x**2 +b
a=1
b=3
I=quad(integrand,0,1,args=(a,b))
print(I)
```

第 13 章

1．简答题

请简述 Pandas 中的数据结构。

【答】

数据结构	维度	轴标签
Series	一维	index（唯一的轴）
DataFrame	二维	index（行）和columns（列）
Panel	三维	items、major_axis和minor_axis

2．选择题

Pandas 下计算方差的统计函数是（　　　）。

A．df.mean()　　　B．df.cov()　　　C．df.std()　　　D．df.var()

【解析】答案为 A。df.mean()求平均值，df.cov()求协方差矩阵，df.std()求标准差，df.var()求方差。

3．上机题

基于所学知识，将 13.3 节中表 13-7 数据中的 NaN 值全部替换成 1，将表中所有负数用其绝对值替换。

【答】生成表 13-7 数据格式数据操作如图 12 所示。

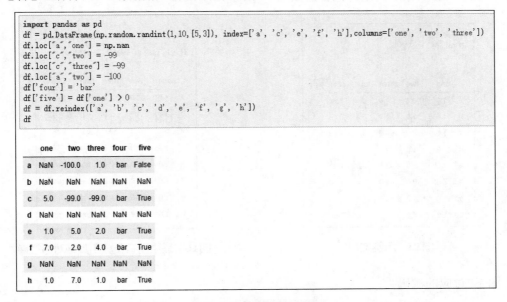

图12　生成数据结构表图

图 12 对应的源码为：

```
#用于生成表13-7的数据，注意为随机数生成形式，会有个别数据存在差异，但不影响本问#题后续处理。
import pandas as pd
df = pd.DataFrame(np.random.randint(1,10,[5,3]), index=['a', 'c', 'e', 'f', 'h'],c
olumns=['one', 'two', 'three'])
df.loc["a","one"] = np.nan
df.loc["c","two"] = -99
```

```
df.loc["c","three"] = -99
df.loc["a","two"] = -100
df['four'] = 'bar'
df['five'] = df['one'] > 0
df = df.reindex(['a', 'b', 'c', 'd', 'e', 'f', 'g', 'h'])
df
```

数据中的 NaN 值全部替换成 1 操作如图 13 所示。

图 13 对应的源码为：

```
#缺失值替换成1
df=df.fillna(1)
df
```

将表中所有负数用其绝对值替换如图 14 所示。

```
#缺失值替换成1
df=df.fillna(1)
df
```

	one	two	three	four	five
a	1.0	-100.0	1.0	bar	False
b	1.0	1.0	1.0	1	1
c	5.0	-99.0	-99.0	bar	True
d	1.0	1.0	1.0	1	1
e	1.0	5.0	2.0	bar	True
f	7.0	2.0	4.0	bar	True
g	1.0	1.0	1.0	1	1
h	1.0	7.0	1.0	bar	True

图13 示例实现

```
df.replace({-99:99,-100:100})
```

	one	two	three	four	five
a	1.0	100.0	1.0	bar	False
b	1.0	1.0	1.0	1	1
c	5.0	99.0	99.0	bar	True
d	1.0	1.0	1.0	1	1
e	1.0	5.0	2.0	bar	True
f	7.0	2.0	4.0	bar	True
g	1.0	1.0	1.0	1	1
h	1.0	7.0	1.0	bar	True

图14 表中所有负数用其绝对值替换

图 14 对应的源码为：

```
df.replace({-99:99,-100:100})
```

第 14 章

1．简答题

请描述在 Matplotlib 库中，plt.plot 参数 color、linewidth、marker、linestyle、label 的具体作用。

【答】color 表示颜色，linewidth 表示曲线宽度，marker 表示点型，linestyle 表示线型，label 表示图例。

2. 选择题

在 Matplotlib 库中，plt.plot 中有众多参数，下列（　　）不是 linestyle 的可选参数。

A．"--"　　　　　B．"-."　　　　　C．"-+"　　　　　D．":"

【解析】答案为 C。linestyle 的可选参数如下。

linestyle 参数

linestyle 参数	形式
"--"	虚线
"-."	点划线
":"	点线
None	不显示

3. 上机题

基于所学知识，使用 Python 绘制 $\cos(x)$ 在 $[0，2\pi]$ 上的函数图像，并在所绘制的图像中标记出点 $\cos(3\pi/2)$ 的对应值。

【答】操作示例如图 15 所示。

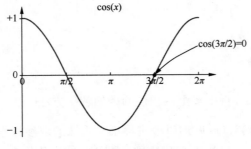

图15 示例实现

源码为：

```
import numpy  as  np
import matplotlib.pyplot as plt
from mpl_toolkits.axisartist.axislines import SubplotZero
```

```
x = np.linspace(0, 2 * np.pi, 256)
y = np.cos(x)
#坐标轴
if 1:
    fig = plt.figure(1)
    ax = SubplotZero(fig, 111)
    fig.add_subplot(ax)
    for direction in ["xzero", "yzero"]:
        ax.axis[direction].set_axisline_style("-|>")
        ax.axis[direction].set_visible(True)
    for direction in ["left", "right", "bottom", "top"]:
        ax.axis[direction].set_visible(False)
    ax.plot(x, y)
    ax.set_title('cos(x)')
#坐标
plt.xticks([0, np.pi/2, np.pi, 3*np.pi/2, 2*np.pi],
    ['$0$','$\pi/2$','$\pi$', r'$3\pi/2$', r'$2\pi$'])
plt.yticks([-1, 0, +1], ['$-1$','$0$','$+1$'])
#垂线
t = 3 * np.pi / 2
plt.plot([t,t],[0,np.cos(t)], color ='red', linewidth=2.5, linestyle="--")
plt.scatter([t,],[0],50,color ='red')
# 注释
plt.annotate('$\cos(3\pi/2)=0$', xy=(3*np.pi/2,0), xytext=(2*np.pi, 0.5), arrowprops=dict(arrowstyle="->", connectionstyle="arc3,rad=.2"))
plt.show()
```

第 15 章

1. 简答题

请简述两种以上回归分析中多重共线性问题的解决方法。

【答】岭回归以及 LASSO 回归通过改进最小二乘法的求参过程，加入惩罚项构建模型，放弃最小二乘法的无偏性，以损失部分信息、降低精度为代价来获得更实际和可靠性更高的回归系数。岭回归与 LASSO 回归最大的区别在于岭回归引入的是 L2 范数惩罚项，LASSO 回归引入的是 L1 范数惩罚项。

主成分分析的核心思想就是降维，把高维空间上的多个特征组合成少数几个无关的主成分，同时包含原数据中大部分的变异信息。通过主成分分析，将原始参与建模的变量转换为少数几个主成分，每个主成分是原变量的线性组合，然后基于主成分做回归分析，这样也可以在不丢失重要数据特征的前提下避开共线性问题。

2. 选择题

下列正确描述 score() 函数的选项是（　　）。

A. 其取值越大，模型越好　　　B. 不能等于 0　　　C. 不能为负数

【解析】答案为 A。socre 的取值区间为[−1,1]，但可以为负值。socre 值越大，表示预测性能越好。

3. 上机题

基于所学知识，获取 chapter_15_2.txt 数据集，表结构见表 15-3。利用血压（BP）与病情进展的定量测量量化值 Y 构建一元线性回归方程模型（其中 Y 作为因变量），并求解模型系数。

【答】示例操作结果如图 16 所示。

权重向量：[[2.46775096]]，b的值为：−81.62

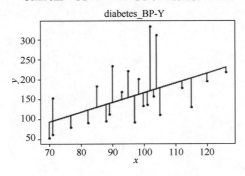

图16　示例实现

源码为：

```
#导入模块
import pandas as pd
import numpy as np
from sklearn import linear_model
from sklearn.cross_validation import train_test_split
#载入数据
data=pd.read_table("chapter_15_2.txt")
```

```
#选取BP列数据,并切割训练集与测试集
x_train,x_test,y_train,y_test=train_test_split(data.iloc[:,3:4],data.iloc[:,10:11],
test_size=0.05,random_state=1)
#使用线性回归
clf = linear_model.LinearRegression()
model=clf.fit(x_train, y_train)
#获取模型参数值
print("权重向量:%s, b的值为:%.2f" % (model.coef_, model.intercept_))
#样本预测
y_pred = model.predict(x_test)
#绘图
import matplotlib.pyplot as plt
y_pred=clf.predict(x_test)
plt.title("diabetes_BP-Y")
plt.xlabel("x")
plt.ylabel("y")
plt.plot(x_test, y_test, 'k.')
plt.plot(x_test, y_pred, 'g-')

for idx,m in enumerate(x_test.values):
    plt.plot([m, m],[y_test.values[idx],  y_pred[idx]], 'r-')
plt.show()
```